westermann

Addieren und Subtrahieren

Erarbeitet von

Judith Beerbaum, Anja Göttlicher,
Sarah Pfleger, Britta Wettels
und Stephanie Zippel

in Zusammenarbeit mit der
Westermann-Grundschulredaktion

Unter Beratung von

Henrieke Peter

Illustriert von

Angelika Citak, Heike Heimrich
und Karoline Kehr

Flex und Flo

Mathematik

4

Zeichenerklärung

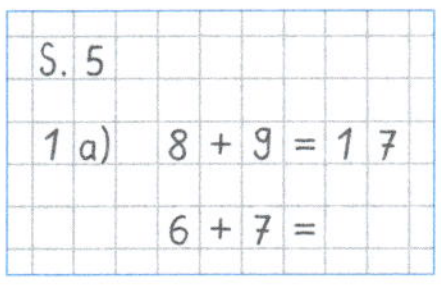

Du löst alle Aufgaben in deinem Heft.
Hier findest du ein Beispiel für den Hefteintrag.

Male/Zeichne mit der entsprechenden Farbe in dein Heft.

Benutze Material.

Bearbeite die Aufgabe in Partnerarbeit.

Mathekonferenz: Tausche dich mit anderen Kindern über deine Ideen, deine Vorgehensweise oder deine Ergebnisse aus.

Addieren
heißt plus rechnen.

Hier steht ein neues Fachwort.

Grundaufgabe
$2 + 2 = 4$, also
$32 + 2 = 34$

Hier steht ein neues Fachwort oder ein neues Beispiel, wie du über Mathematik sprechen kannst.

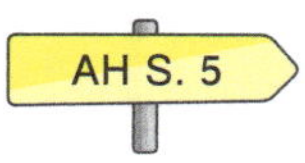

Verweis auf weitere Übungen auf den angegebenen Seiten im Flex und Flo Arbeitsheft 4 (Ausgabe 2021)

Verweis auf passenden Diagnosetest im Flex und Flo Diagnoseheft 4 (Ausgabe 2021)

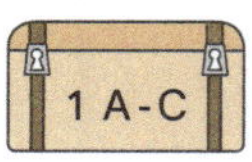

Verweis auf passende herausfordernde Aufgaben in der Flex und Flo Entdeckerkartei 4 (Ausgabe 2021)

Verweis auf passende interaktive Übungen

1 Aufgabe aus dem Anforderungsbereich I
Reproduzieren: erfordert Grundwissen und das Ausführen von Routinetätigkeiten

1 Aufgabe aus dem Anforderungsbereich II
Zusammenhänge herstellen: erfordert das Erkennen und Nutzen von Zusammenhängen

1 Aufgabe aus dem Anforderungsbereich III
Verallgemeinern und Reflektieren: erfordert komplexe Tätigkeiten wie Strukturieren, Entwickeln von Strategien, Beurteilen und Verallgemeinern

Einführung von Fachwörtern oder Redemitteln
Eine Sammlung der im Heft eingeführten Fachwörter und Redemittel zum Nachschlagen findet sich auf der letzten Doppelseite und der Beilage „Fachwörter und Redemittel 4".

Medienbildung und Mathematiklernen verbinden
Anregung zur Bearbeitung mathematischer Lerninhalte mit digitalen Werkzeugen

Erklärvideo in der BiBox

Tipp zur Verknüpfung der Themenhefte

Inhaltsverzeichnis

31.8. S. 4		
1 a)	263 + 5 = 268	b) 157 − 5 =
	763 + 5 =	457 − 5 =

1 Schreibe die Aufgaben wie Flex in dein Heft.

a) 263 + 5
763 + 5

b) 157 − 5
457 − 5

c) 495 + 8
695 + 8

d) 204 − 9
504 − 9

2

a) 570 + 200
230 + 60

b) 690 + 300
430 + 80

c) 530 − 300
890 − 50

d) 680 − 200
330 − 70

3 Wie verändern sich die Zahlen? Wie verändert sich das Ergebnis?

a)

370 + 80	
372 + 80	370 + 83
375 + 80	370 + 86
379 + 80	370 + 88

b)

510 − 90	
513 − 90	510 − 93
516 − 90	510 − 96
518 − 90	510 − 98

4 Finde eigene Aufgaben wie in Aufgabe 3.

a) **280 + 50** b) **790 + 60** c) **430 − 70** d) **850 − 80**

5 Rechne die leichteste Aufgabe zuerst. Sie hilft dir bei den anderen Aufgaben.

a) 438 + 70
430 + 75
430 + 70

b) 369 + 80
360 + 80
360 + 86

c) 540 − 80
547 − 80
540 − 84

d) 258 − 70
250 − 76
250 − 70

6

a) 520 + 170
150 + 730

b) 340 + 190
450 + 360

c) 690 − 450
780 − 330

d) 550 − 370
940 − 590

7 Rechne geschickt.

a) 340 + 23 + 60
125 + 75 + 53

b) 473 + 15 − 73
3 + 68 + 297

c) 625 − 43 − 25
35 + 426 + 65

340 + 23 + 60

8  Finde eigene Aufgaben, bei denen du geschickt rechnen kannst.
Dein Partnerkind löst sie.

AH S. 5

1
a) Ein Summand ist 220. Der andere Summand ist 460. Wie heißt die Summe?
b) Ein Summand ist 380. Der andere Summand ist 150. Wie heißt die Summe?
c) Beide Summanden sind gleich. Die Summe ist 684. Wie heißen die Summanden?
d) Ein Summand ist 481. Die Summe ist 999. Wie heißt der andere Summand?

2 Finde zu den Summen immer zwei passende Summanden. Schreibe jeweils mindestens drei Aufgaben auf. Du kannst jede Zahl mehrmals verwenden.

a) Die Summe ist 1 000. b) Die Summe ist 560. c) Die Summe ist 810.

310 370 690 120 250 440 560 0 880 750 60 500

3 Ergänze den fehlenden Summanden.

a) 375 + ■ = 1 000 b) 1 000 = 270 + ■ c) 825 + ■ = 1 000 d) 1 000 = 460 + ■

■ + 410 = 1 000 1 000 = ■ + 585 ■ + 275 = 1 000 1 000 = ■ + 935

4

a) Ein Summand ist doppelt so groß wie der andere. Die Summe ist 690.

b) Ein Summand ist um 740 größer als der andere. Die Summe ist 940.

c) Ein Summand ist um 420 kleiner als der andere. Die Summe ist 820.

5 Welche Zahlen sind es?

Die Summe aus drei Summanden ist 800. Die Summe des ersten und zweiten Summanden ist 400. Die Summe des zweiten und dritten Summanden ist 450.

4 Kopiervorlage für die Notation von Zahlenrätseln in der Handreichnung/BiBox für Lehrer/-innen. **Textverarbeitung:** Eigene Zahlenrätsel schreiben, ggf. speichern, ausdrucken und lösen (Vorlage in der BiBox für Lehrer/-innen).

AH S. 5

576 + 69 = ■

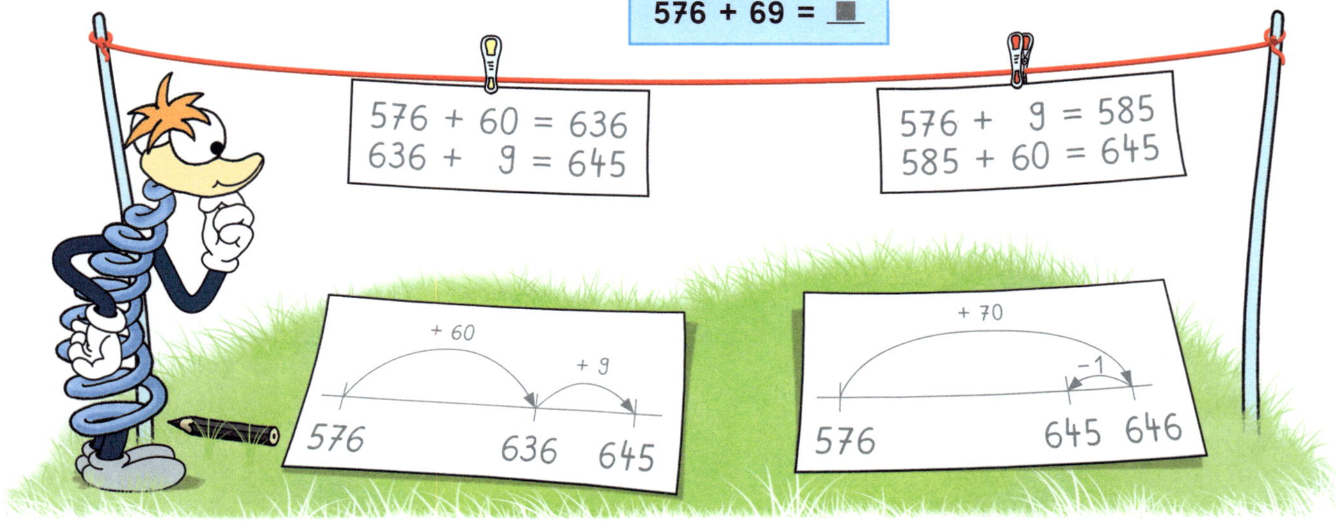

1 Rechne auf deinem Weg.

a)	b)	c)	d)
576 + 69	767 + 54	356 + 73	468 + 45
638 + 76	873 + 19	584 + 67	732 + 29
183 + 94	392 + 88	241 + 99	195 + 84

2 Zeichne deinen Rechenweg am Rechenstrich.

a)	b)
615 + 76	416 + 67
419 + 28	387 + 45
726 + 47	189 + 93

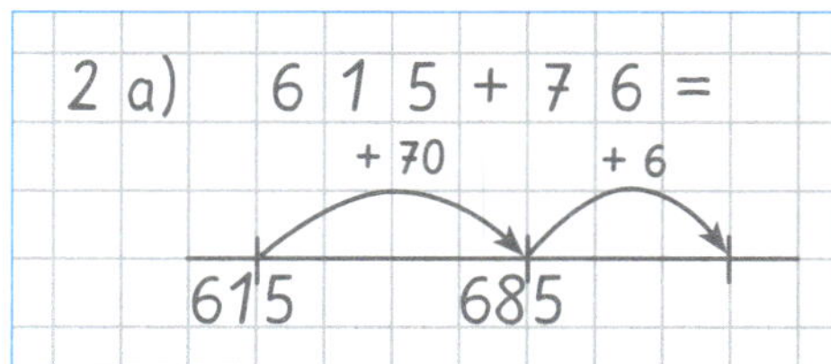

3 Welche Additionsaufgaben sind es?

a)

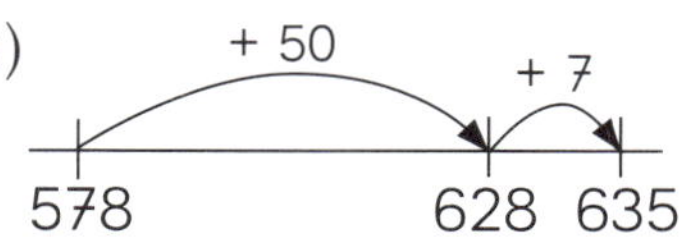

b)

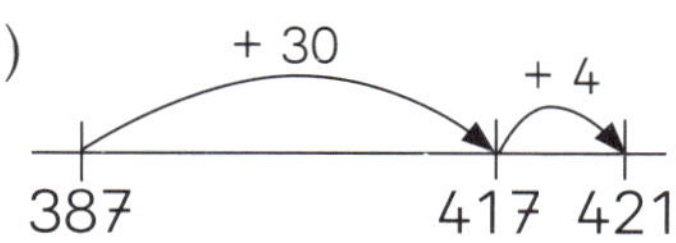

c)

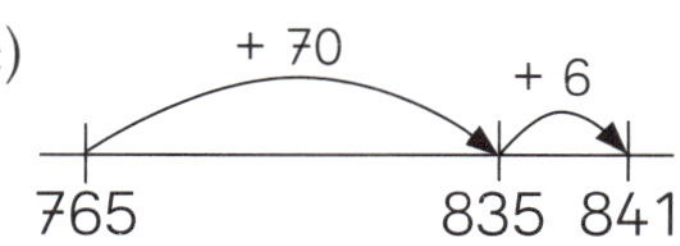

4 Rechnet geschickt. Erklärt den Rechenweg.

763 + 59 | 297 + 403 | 598 + 25

5 Rechne geschickt.

a)	b)	c)	d)
899 + 37	852 + 69	198 + 248	492 + 208
699 + 85	684 + 39	498 + 167	694 + 106
599 + 34	173 + 49	298 + 356	593 + 307

6 Finde immer vier Additionsaufgaben zu den Summen und schreibe sie in dein Heft.

a)

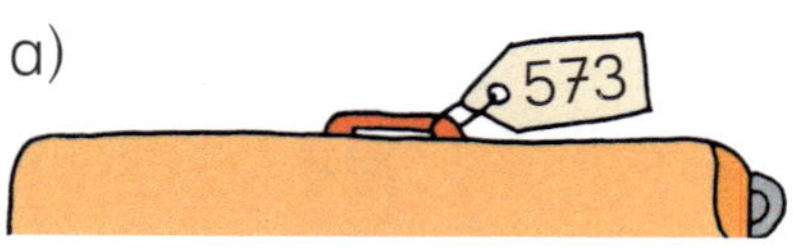

b)

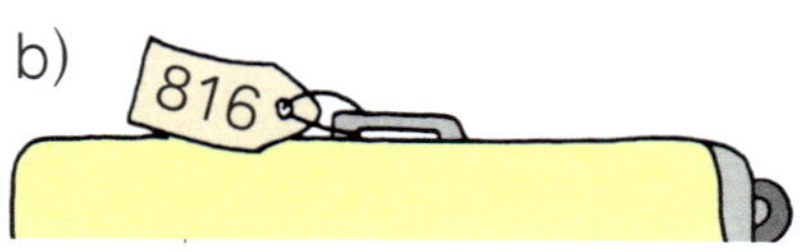

c)

4 Videoaufnahme: Erklärfilm zu den Rechenwegen aufnehmen.

Wiederholung und Vertiefung

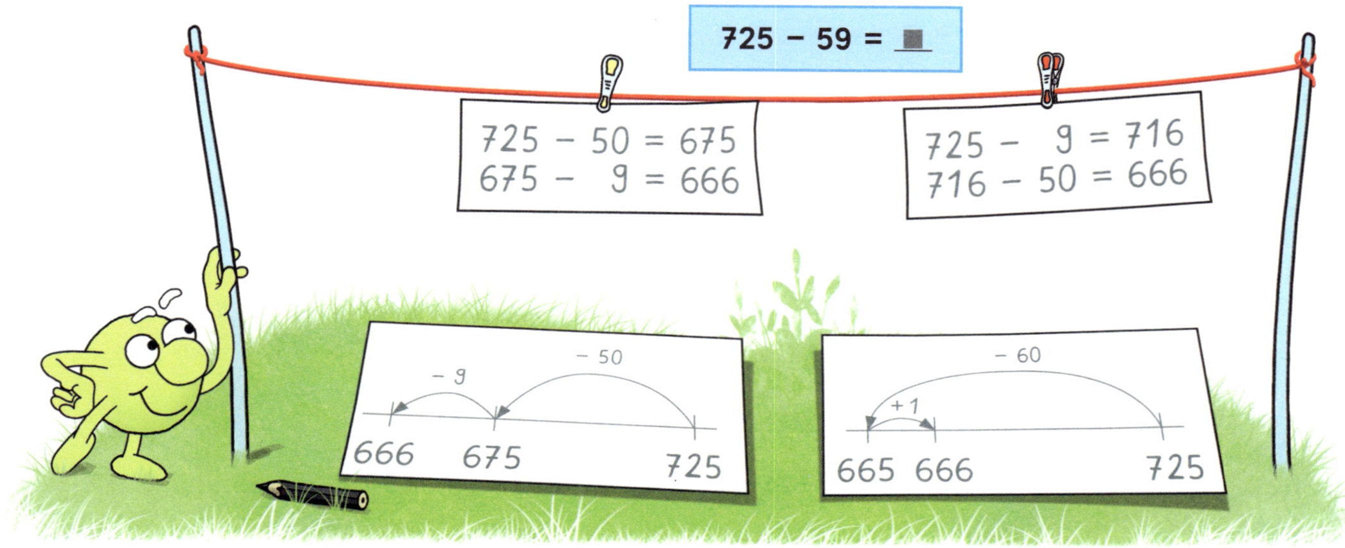

1 Rechne auf deinem Weg.

a)	b)	c)	d)
725 − 59	964 − 28	667 − 95	756 − 83
284 − 95	645 − 67	546 − 73	349 − 65
372 − 81	896 − 59	432 − 84	237 − 98

2 Zeichne deinen Rechenweg am Rechenstrich.

a)	b)
572 − 67	953 − 37
864 − 46	644 − 28
237 − 29	465 − 79

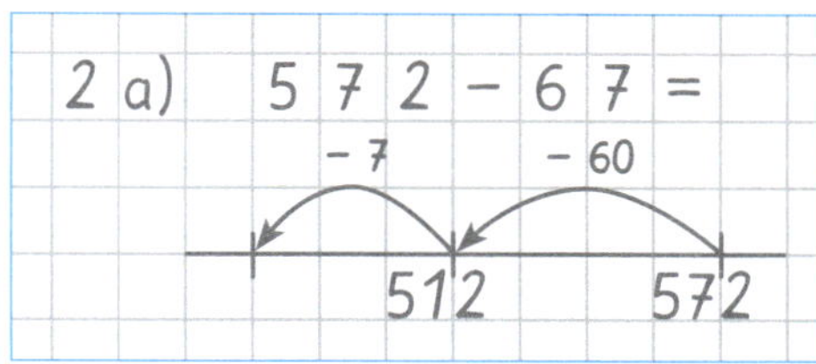

3 Welche Subtraktionsaufgaben sind es?

a)
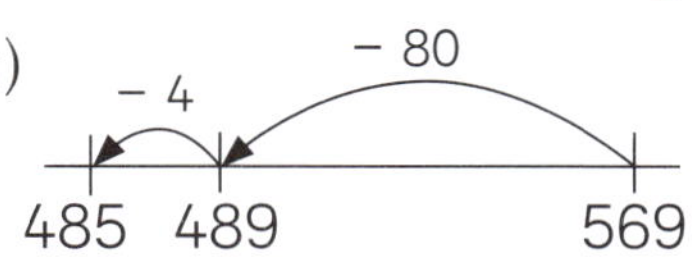

b)
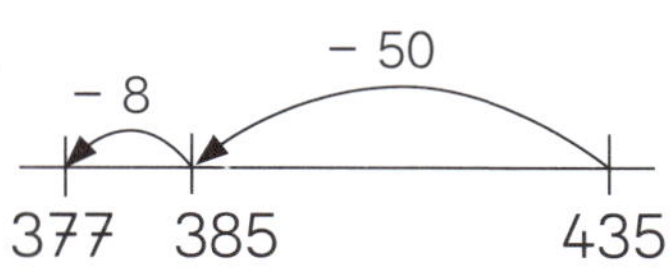

c)
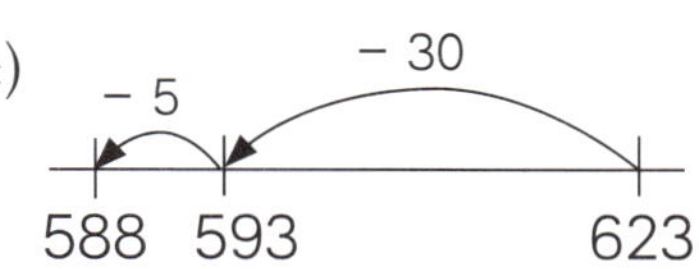

4 Rechnet geschickt. Erklärt den Rechenweg.

834 − 69 529 − 523 472 − 199 623 − 99

5 Rechne geschickt.

a)	b)	c)	d)
651 − 99	692 − 79	985 − 499	689 − 682
864 − 99	458 − 49	654 − 399	274 − 266
145 − 99	276 − 39	537 − 299	751 − 748

6 Finde immer vier Subtraktionsaufgaben zu den Differenzen und schreibe sie in dein Heft.

a)
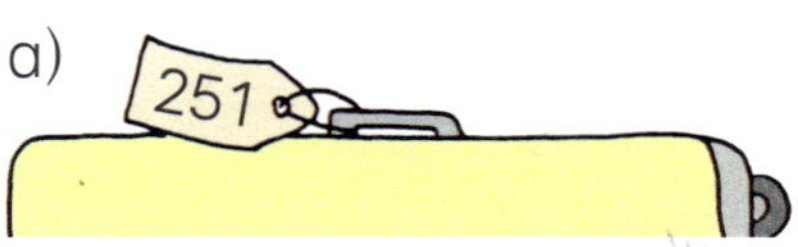

b)
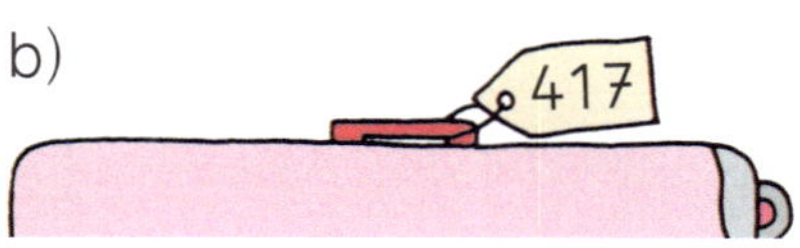

c)
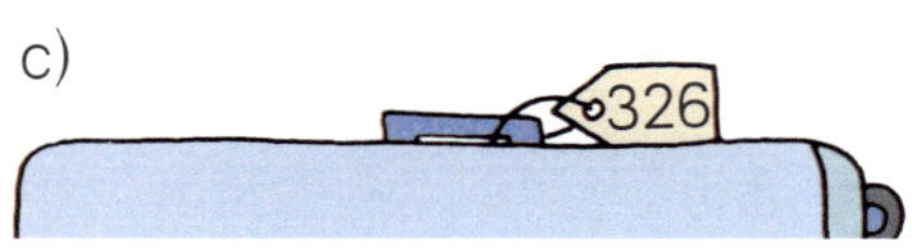

4 **Videoaufnahme**: Erklärfilm zu den Rechenwegen aufnehmen.

Wiederholung und Vertiefung

389 + 525 = ■

1 Schreibe stellengerecht untereinander. Addiere schriftlich.

a) 389 + 525
   637 + 85

b) 247 + 180
   469 + 232

c) 884 + 57
   568 + 375

d) 85 + 738
   607 + 239

2 Überschlage zuerst, rechne dann genau. Kann dein Ergebnis stimmen? Vergleiche mit deinem Überschlag.

a) 418 + 359
   227 + 634
   392 + 374

b) 568 + 159
   709 + 254
   485 + 78

2 a)	Ü.:	400 + 350 = 750		
			4 1 8	
		+	3 5 9	
			———	

3 Überschlage. Rechne nur die fünf Aufgaben, deren Summe kleiner als 1 000 ist.

a) 639 + 195
b) 476 + 337
c) 193 + 748
d) 447 + 613
e) 287 + 634
f) 627 + 388
g) 821 + 352
h) 729 + 182

4 Addiere die drei Summanden schriftlich.

a) 319 + 128 + 405
   437 + 281 + 96

b) 164 + 352 + 276
   501 + 189 + 248

c) 327 + 243 + 178
   253 + 85 + 492

5 Rechnest du im Kopf oder schriftlich? Vergleiche mit deinem Partnerkind und erkläre.

a) 499 + 268
b) 719 + 198
c) 207 + 438
d) 456 + 273
e) 306 + 475
f) 662 + 57
g) 489 + 187
h) 203 + 257

6 Klecksaufgaben. Welche Ziffern fehlen?

a)

	5	●	●
+	●	3	6
	9	3	8

b)

	7	●	6
+	●	9	●
	1		
	9	1	6

c)

	1	4	3
+	6	●	●
		1	
	●	7	1

d)

	●	8	9
+	3	4	●
	1	1	
	6	●	5

e)

	●	6	7
+	4	1	●
		1	
	7	●	2

AH S. 6

1 A-C

5 Videoaufnahme: Erklärfilm aufnehmen, welche Aufgaben im Kopf und welche besser schriftlich gelöst werden können.

1 Schreibe stellengerecht untereinander. Subtrahiere wie Flex oder Flo.

a) 728 − 457 | 824 − 653
b) 782 − 91 | 650 − 473
c) 532 − 186 | 408 − 284
d) 741 − 574 | 853 − 76

2 Überschlage zuerst, rechne dann genau. Kann dein Ergebnis stimmen? Vergleiche mit deinem Überschlag.

a) 843 − 487 | 636 − 568 | 812 − 58
b) 428 − 351 | 604 − 417 | 876 − 89

2 a) Ü.: 850 − 500 = 350

```
  8 4 3
− 4 8 7
_______
```

3 Überschlage. Rechne nur die fünf Aufgaben, deren Differenz kleiner als 200 ist.

a) 834 − 718
b) 982 − 864
c) 795 − 677
d) 891 − 552
e) 678 − 353
f) 513 − 456
g) 753 − 496
h) 429 − 287

4 Flex hat sich verrechnet. Überprüfe mit der Probe (P.).

```
a)   4 4 9     b)   8 5 7     c)   6 0 4     d)   7 1 8
   − 2 5 7        − 4 3 9        − 3 8 6        − 5 3 4
   _______        _______        _______        _______
     2 9 2          4 1 7          3 8 8          2 2 4
```

5 Rechnest du im Kopf oder schriftlich? Vergleiche mit deinem Partnerkind und erkläre.

a) 372 − 199
b) 647 − 376
c) 538 − 438
d) 563 − 302
e) 784 − 548
f) 896 − 246
g) 719 − 509
h) 842 − 398

6 Klecksaufgaben. Welche Ziffern fehlen?

```
a)   4 ● 6    b)   7 1 9    c)   6 4 ●    d)   ● ● 5    e)   5 8 ●
   − ● 7 3       − 5 ● ●       − ● 2 7       − 7 8 ●       − ● 2 6
   _______       _______       _______       _______       _______
     1 8 ●         ● 5 5         2 ● 6         1 4 2         2 ● 7
```

Je nach eingeführtem Subtraktionsverfahren **entweder** das Abziehverfahren **oder** das Ergänzungsverfahren zum Lösen der Aufgaben nutzen.
5 **Videoaufnahme**: Erklärfilm aufnehmen, welche Aufgaben im Kopf und welche besser schriftlich gelöst werden können.

1 D-E
AH S. 7

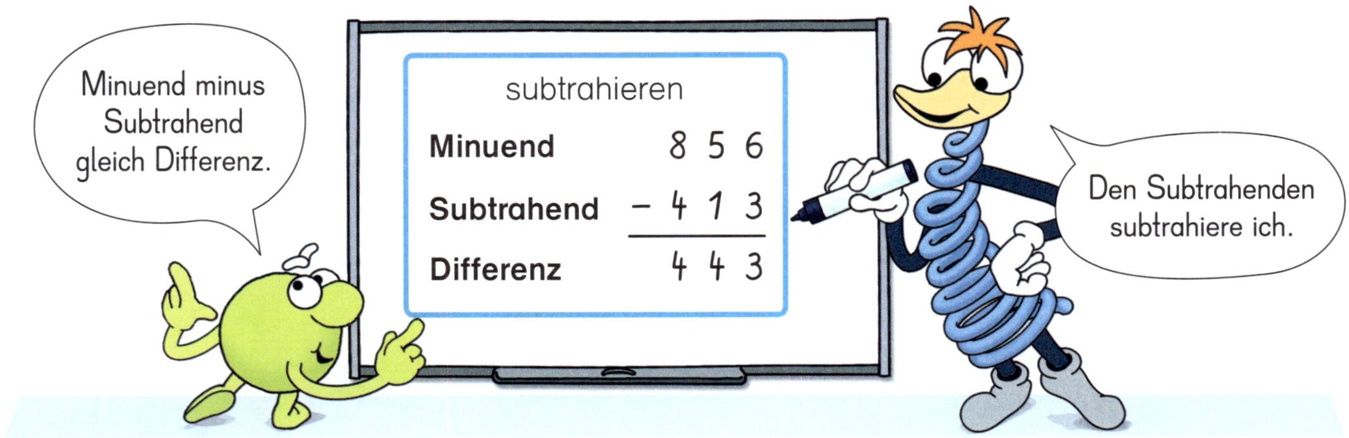

1 Wie heißt die Differenz?

a) Der Minuend ist 713.
Der Subtrahend ist 414.

b) Der Minuend ist 505.
Der Subtrahend ist 283.

c) Der Minuend ist 926.
Der Subtrahend ist 568.

2 a) Der Minuend ist 872.
Die Differenz ist 356.
Wie heißt der Subtrahend?

b) Der Subtrahend ist 217.
Die Differenz ist 484.
Wie heißt der Minuend?

c) Der Subtrahend ist 193.
Der Minuend ist 628.
Wie heißt die Differenz?

3 a) Schreibe immer zwei passende Aufgaben dazu.

A

937	937	937
− 281	− 381	− 481

B

283	383	483
− 156	− 156	− 156

C

426	526	626
− 279	− 379	− 479

D

982	882	782
− 135	− 235	− 335

b) Zu welcher Aufgabenfolge passt die Beschreibung?

Der Minuend wird um 100 größer.
Der Subtrahend wird um 100 größer.
Die Differenz bleibt gleich.

A, B, C oder D?

c) Suche zwei Aufgabenfolgen aus. Beschreibe sie. Benutze die Fachbegriffe:

Minuend | Subtrahend | Differenz

4 a) Der Subtrahend ist 210 und um 160 kleiner als die Differenz.

b) Der Subtrahend und die Differenz sind gleich groß. Der Minuend ist 860.

c) Der Minuend ist doppelt so groß wie der Subtrahend. Die Differenz ist 260.

R1

AH S. 7

2 A-G

Wechsel ins Themenheft Sachrechnen und Größen, S. 4-7, S. 8-9 und S. 14-17 möglich (für S. 14-17 sollte nach Möglichkeit das Themenheft Multiplizieren und Dividieren bis S. 8 ebenfalls bearbeitet sein.)

Der Rechner

1 Vergleicht eure Rechner. Wofür stehen die Tasten [+] [−] [x] [÷] [·] [c] [=] ?
Haben alle Rechner die gleichen Tasten?

2 Löse die Aufgaben mit einem Rechner. Schreibe nur das Ergebnis auf.

a)	b)	c)	d)	e)
358 + 519	627 − 241	138 + 264	581 − 329	246 + 594
276 + 635	808 − 205	417 + 384	834 − 163	382 + 497

3 Löse die Aufgaben mit einem Rechner. Schreibe nur das Ergebnis auf.

a) dreihundertneunundneunzig	plus	vierhundertsechsunddreißig
b) zweihundertfünfundzwanzig	plus	fünfhundertvierunddreißig
c) sechshundertsechsundfünfzig	minus	dreihundertachtundsiebzig
d) neunhundertsiebenundzwanzig	minus	sechshundertacht

4 Welche Ergebnisse sind falsch?
Überprüfe mit einem Rechner und schreibe die Aufgaben richtig in dein Heft.

a) 573 − 286 = 297 b) 671 + 318 = 989 c) 734 − 262 = 472
d) 418 + 314 = 732 e) 716 − 183 = 899 f) 198 + 786 = 994

5 Kettenaufgaben. Schreibe nur das Endergebnis auf.

a) [425] −279→ [■] +638→ [■] +217→ [■] −482→ [■]
b) [999] −815→ [■] +456→ [■] +165→ [■] −357→ [■]
c) [143] +628→ [■] −361→ [■] +583→ [■] −435→ [■]

6 Versucht möglichst schnell ...

a) von 74 auf 100 zu kommen.
Ihr dürft nur [+] [8] und [−] [6]
rechnen, das aber so oft ihr wollt.

b) von 460 auf 1 000 zu kommen.
Ihr dürft nur [+] [1] [2] [0] und [−] [2] [0]
rechnen, das aber so oft ihr wollt.

App-Anwendung: Aufgaben mit einer Rechner-App lösen, ggf. die für die Kinder neue Darstellung von Tausenderzahlen (1.000 statt 1 000) thematisieren.
4 **App-Anwendung**: Eigene Rechenaufgaben stellen. Das Partnerkind löst sie mit einer Rechner-App.

Tausenderzahlen bis 10 000

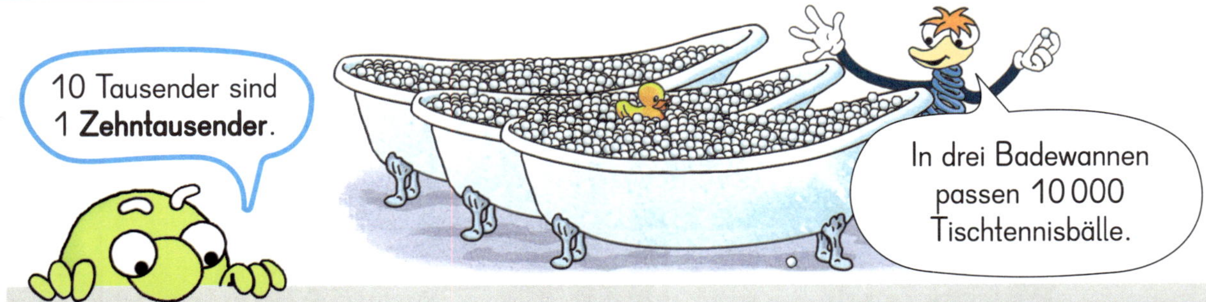

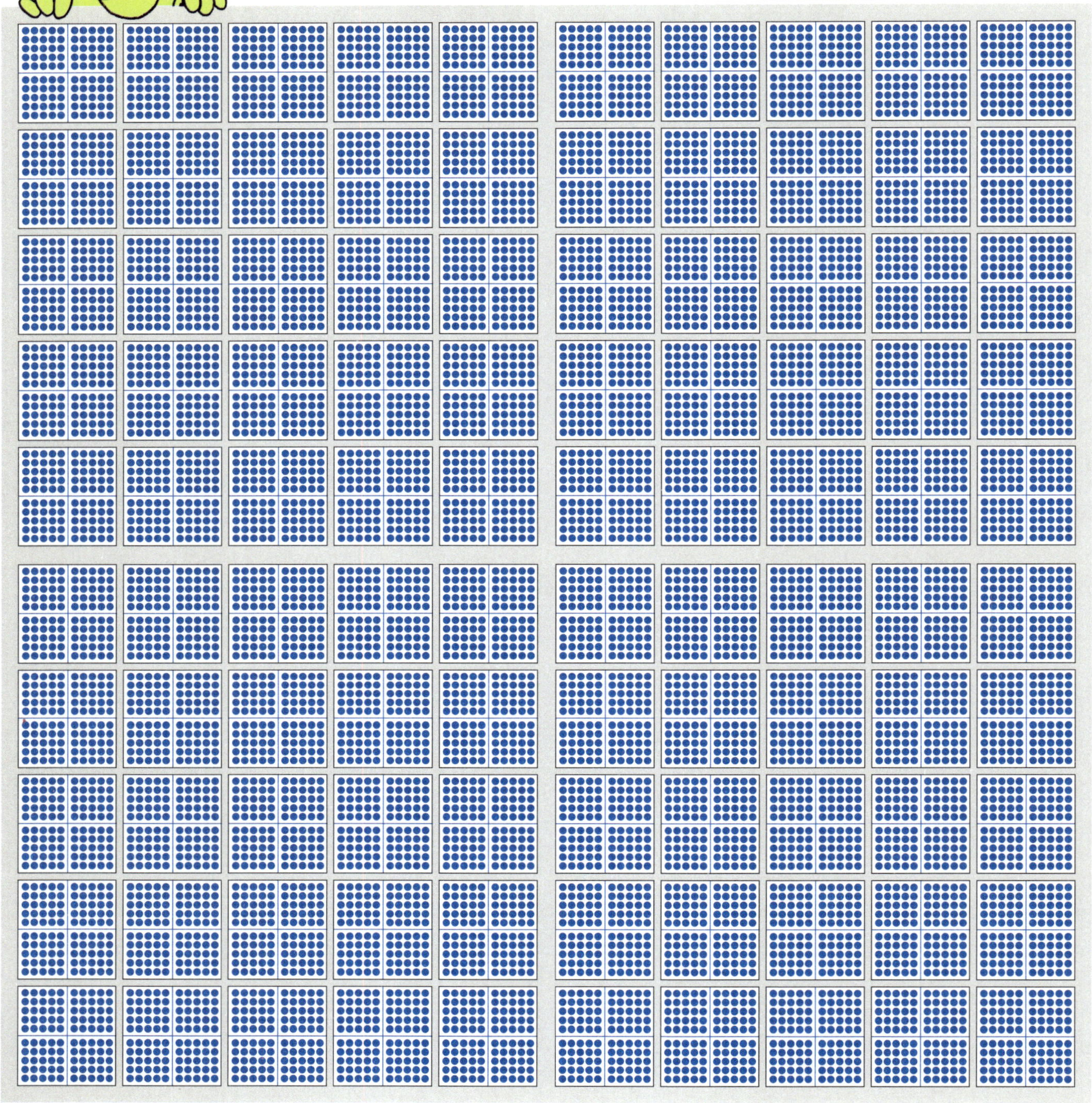

1 Wie viele Hunderterfelder hat das 10 000er-Feld?

Wie viele Tausenderstreifen hat das 10 000er-Feld?

2 Zeigt diese Anzahlen am 10 000er-Feld. Findet mehrere Möglichkeiten.

a) 1 000 Punkte b) 3 000 Punkte c) 5 000 Punkte d) 6 000 Punkte e) 2 500 Punkte

Rechnen mit Tausenderzahlen

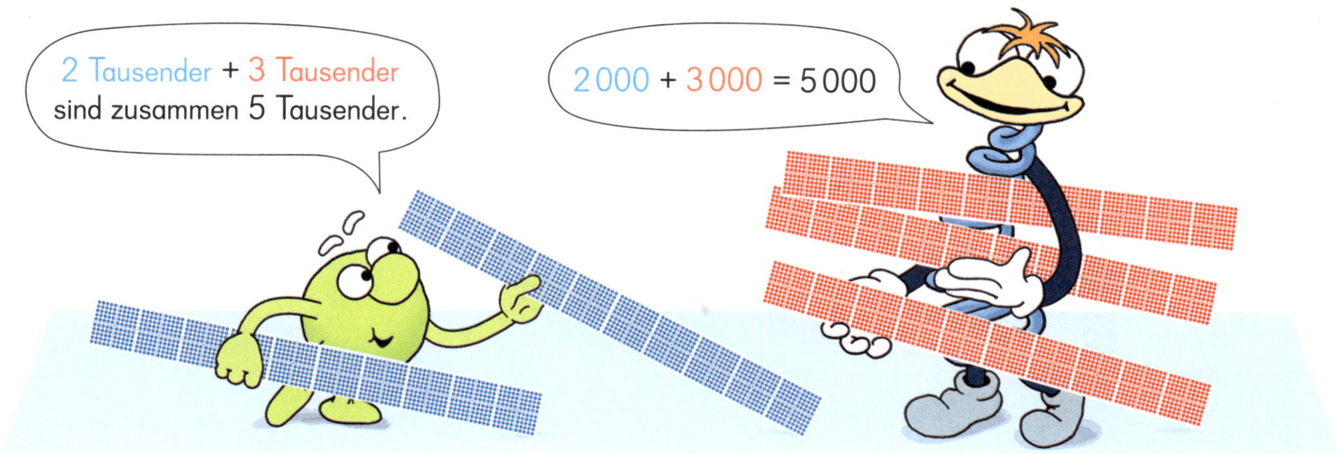

1 a) 3000 + 1000
2000 + 6000

b) 1000 + 8000
4000 + 3000

c) 5000 + 2000
4000 + 4000

d) 4000 + 6000
3000 + 5000

2 a) 10000 – 1000
10000 – 5000

b) 4000 – 3000
8000 – 6000

c) 9000 – 7000
6000 – 2000

d) 7000 – 4000
5000 – 3000

3 Finde für jede Zahl immer zwei weitere Zerlegungen. Schreibe in dein Heft.

3 a)	b)	c)
10000	8000	6000
1000 +	4000 +	2000 +
2000 +	2000 +	4000 +
3000 +	5000 +	1000 +

4 Ergänze.

a) 7000 + ■ = 10000
4000 + ■ = 10000

b) ■ + 3000 = 8000
■ + 5000 = 7000

c) 10000 – ■ = 8000
10000 – ■ = 6000

d) ■ – 7000 = 2000
■ – 3000 = 4000

5 a) 1000 + 3000 + 4000
5000 + 2000 + 2000

b) 10000 – 2000 – 3000
10000 – 5000 – 1000

c) 2000 + 7000 – 3000
8000 – 4000 + 1000

6 a) Die Zahl ist um 3000 größer als 4000.

b) Die Zahl ist um 6000 kleiner als 10000.

c) Die Zahl ist um 5000 größer als 3000.

7 Von der Additionsaufgabe zur Multiplikationsaufgabe.

a) 10000 = 1000 + 1000 + 1000 + ■ + ■ + ■ + ■ + ■ + ■ + ■
10000 = ■ · 1000

b) 10000 = 2000 + 2000 + ■ + ■ + ■
10000 = ■ · 2000

c) 10000 = 5000 + 5000
10000 = ■ · 5000

Zahlen bis 10 000

1 Schreibe wie Flex in dein Heft.

a)

ZT	T	H	Z	E
	4	7	3	5

b)

ZT	T	H	Z	E
	9	2	3	1

c)

ZT	T	H	Z	E
	3	5	8	0

d)

ZT	T	H	Z	E
1	0	0	0	2

2 Wie heißt die Zahl?

2 a) 5000 + 400 + 80 + 6 = 5486

a) 5T + 4H + 8Z + 6E
6T + 9H + 5Z + 2E

b) 2T + 3H + 9Z + 2E
4T + 6H + 5Z + 4E

c) 4T + 2Z + 7E
3T + 5H + 3E

d) 6T + 5E
7T + 3H

3 Übertrage in eine Stellentafel. Wie heißt die Zahl?

a) 1T + 2H + 4Z + 3E
3T + 8H + 6Z + 5E
7T + 2H + 5Z + 9E

b) 8T + 4H + 5Z
4T + 9Z + 3E
3T + 7H + 8E

3 a)

ZT	T	H	Z	E	Zahl
	1	2	4	3	1243

4 Aufgepasst! Übertrage in eine Stellentafel.

a) 5T + 8Z + 3H + 4E
5H + 9T + 4E + 3Z

b) 7E + 5T + 3Z + 6H
4Z + 8H + 2E + 1T

c) 4H + 6T + 9E
3E + 7H + 5T

d) 5E + 8T
7Z + 4T

5 Aufgepasst! Flo hat beim Eintragen Fehler gemacht. Verbessert.

a)

ZT	T	H	Z	E
	9		14	5

5 a) 9T + 14Z + 5E = 9T + 1H + 4Z + 5E

b)

ZT	T	H	Z	E
	8	7		27

c)

ZT	T	H	Z	E
	3	5	7	18

d)

ZT	T	H	Z	E
	4	52	7	6

e)

ZT	T	H	Z	E
	5	2	63	2

6 Aufgepasst! Wie heißt die Zahl?

a) 4T + 15H + 4Z + 3E
6T + 3H + 13Z + 5E

b) 5T + 33H + 5Z + 41E
2T + 7H + 28Z + 16E

c) 4T + 27Z + 3E
2T + 18H + 2E

d) 3T + 15E
7T + 31Z

Zahlen bis 10 000

1 Welche Zahl ist es?

1 a) 3475

a) 3000 + 400 + 70 + 5
6000 + 100 + 30 + 7
4000 + 900 + 20 + 8

b) 800 + 2 + 30 + 3000
6 + 500 + 7000 + 90
50 + 5000 + 200 + 3

c) 40 + 9000 + 1
2000 + 4 + 300
60 + 800 + 1000

2

Nun umgekehrt.
Zerlege die Zahlen wie Flo.

a) 8347
9137
8546

b) 3105
6079
4280

c) 8510
5704
1057

3

a) Die Zahl hat sechs Einer, fünf Hunderter, sieben Zehner und zwei Tausender.

b) Die Zahl hat acht Tausender, halb so viele Hunderter, drei Zehner und doppelt so viele Einer wie Zehner.

c) Die Zahl hat sechs Tausender und halb so viele Einer.

4 Schreibe als Zahl.

a) dreitausendvierhundertachtzig
b) neuntausendachthundertsechzehn
c) viertausenddreihundertsiebenundfünfzig
d) fünftausendsiebenhundertzweiunddreißig
e) zweitausendsiebenundneunzig
f) sechstausendeinhundertneun

5 Schreibe als Wort.

a) 9412 b) 6031 c) 5782 d) 7528 e) 8257

6 Dein Partnerkind diktiert dir eine Zahl. Schreibe sie auf.
Wechselt euch ab.

7 Welche vierstelligen Zahlen könnt ihr mit den Ziffernkarten legen?
Findet ihr alle Möglichkeiten?

2 7 8 4

8 Legt mit den Ziffernkarten …

4 1 9 5

a) die größte Zahl.
b) die kleinste Zahl.
c) eine Zahl, die möglichst nah an 5000 liegt.
d) eine gerade Zahl, die möglichst nah an 10 000 liegt.

AH S. 8

7, 8 **Videoaufnahme**: Erklärfilm zu den Lösungsstrategien aufnehmen.

1 Welche Zahlen sind es?

1 a) 2463

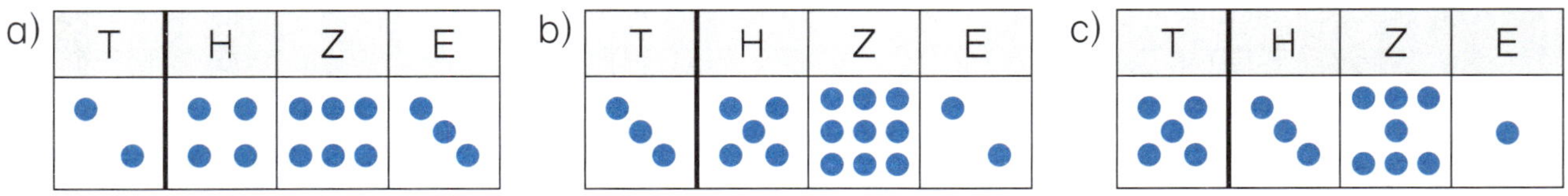

2

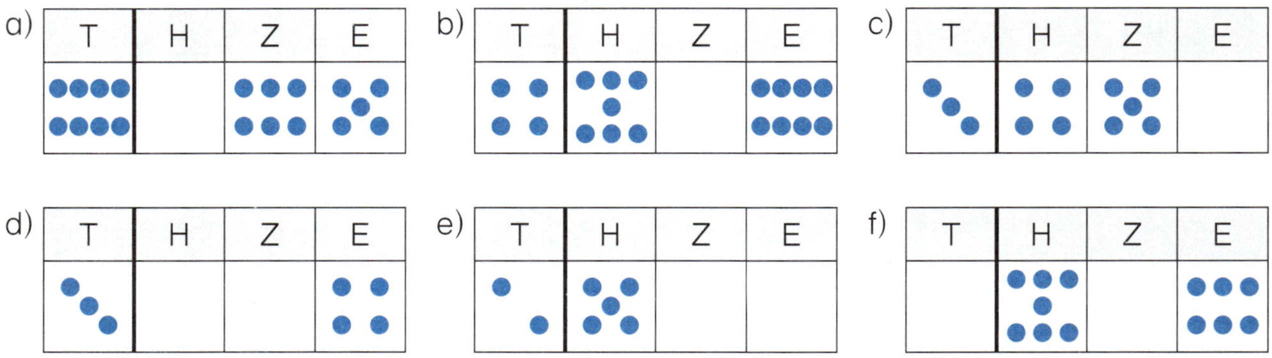

3 a) Legt mit Wendeplättchen: 2244, 2424, 2442, 4224, 4242, 4422

b) Legt auch diese Zahlen: 6391, 2708, 5034, 3870, 4050, 1625

T	H	Z	E

Stellentafel

1 a) Legt zwei Plättchen. Wie viele vierstellige Zahlen findet ihr?

b) Legt drei Plättchen.
Es gibt zehn verschiedene vierstellige Zahlen.
Findet ihr alle?

2 Legt die Zahl. Legt ein Plättchen dazu.
Welche Zahlen könnt ihr erhalten?

A

T	H	Z	E
●●●●	●●	●●●	●●●●●

B

T	H	Z	E
●●●	●		●●●●

3 Legt die Zahl. Nehmt ein Plättchen weg.
Welche Zahlen könnt ihr erhalten?

A

T	H	Z	E
●●●●●●●	●●●	●●●●●●	●●●●●●●●

B

T	H	Z	E
●●●●	●●	●	●●●●●●●

4 Legt die Zahl.

a) Verschiebt ein Plättchen von der Tausenderstelle an die Hunderterstelle. Wie heißt die Zahl?

b) Verschiebt ein Plättchen von der Zehnerstelle an die Tausenderstelle. Wie heißt die Zahl?

c) Verschiebt ein Plättchen von der Einerstelle an die Hunderterstelle. Wie heißt die Zahl?

d) Verschiebt ein Plättchen von der Tausenderstelle an die Einerstelle. Wie heißt die Zahl?

A

T	H	Z	E
●●●	●●	●●●●●●	●●●●

B

T	H	Z	E
●●●●	●●●●●	●	●●●

5 Wie verändert sich die Zahl? Vermutet und ergänzt die Sätze.
Überprüft eure Vermutung mit Beispielen.

a) Wenn ich ein Plättchen von der Einerstelle an die Zehnerstelle verschiebe, wird die Zahl um … größer.

b) Wenn ich ein Plättchen von der Zehnerstelle an die Hunderterstelle verschiebe, wird die Zahl um … größer.

c) Wenn ich ein Plättchen von der Tausenderstelle an die Hunderterstelle verschiebe, wird die Zahl um … kleiner.

d) Wenn ich ein Plättchen von der Tausenderstelle an die Zehnerstelle verschiebe, wird die Zahl um … kleiner.

Zahlenstrahl

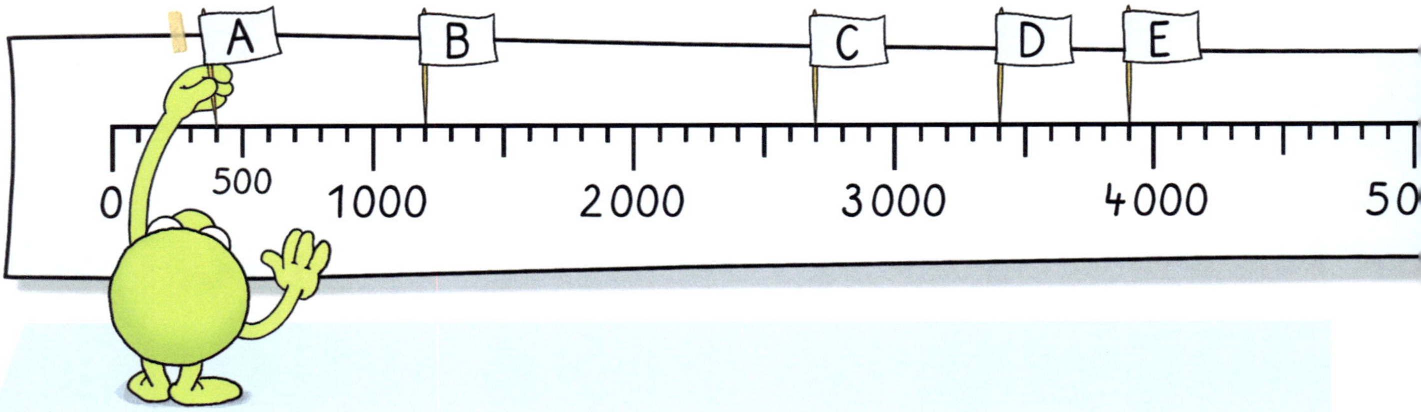

1 Bei welchen Zahlen stehen die Fähnchen von Flo?

1) A: 400 B:

2 Sucht die Zahlen am Zahlenstrahl und zählt weiter.

a) 0, 500, 1000, …, 5000
10000, 9500, 9000, …, 5000

b) 1200, 1300, 1400, …, 2200
7400, 7300, 7200, …, 6400

3 Flo hat sich die Zahlen von 7000 bis 8000 genauer angeschaut.
Bei welchen Zahlen stehen die Fähnchen?

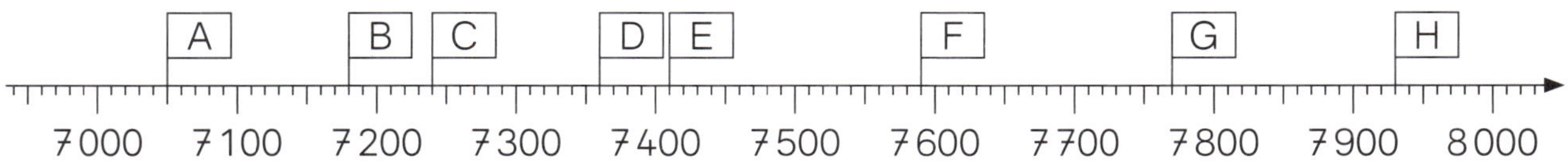

4

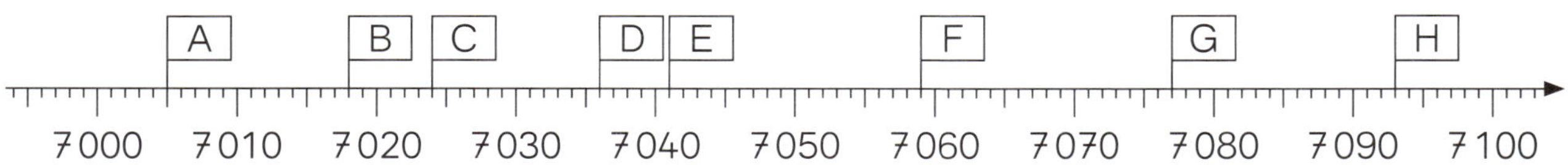

5 Ordne der Größe nach.
Beginne mit der kleinsten Zahl.

5 a) 4193 < 5281 <

a) 7526, 4193, 9368, 6057, 5281

b) 3670, 2450, 7610, 3320, 9530

c) 2332, 3232, 2323, 2303, 3322

d) 3894, 3957, 3759, 3885, 3781

6 Schreibe immer zwei passende Zahlen auf.

a) 3457 > ■ b) 4871 < ■ c) 1862 < ■

d) 8543 < ■ e) 7059 > ■ f) 5073 < ■

6 a) 3457 > 2831
3457 > 1694

7 Welche Zahlen passen?

a) 2500 < ■ < 2600

c) 3721 > ■ > 3651

b) 4730 > ■ > 4650

d) 8105 < ■ < 8212

AH S. 9

Erklärvideo: Orientierung am Zahlenstrahl bis 10000

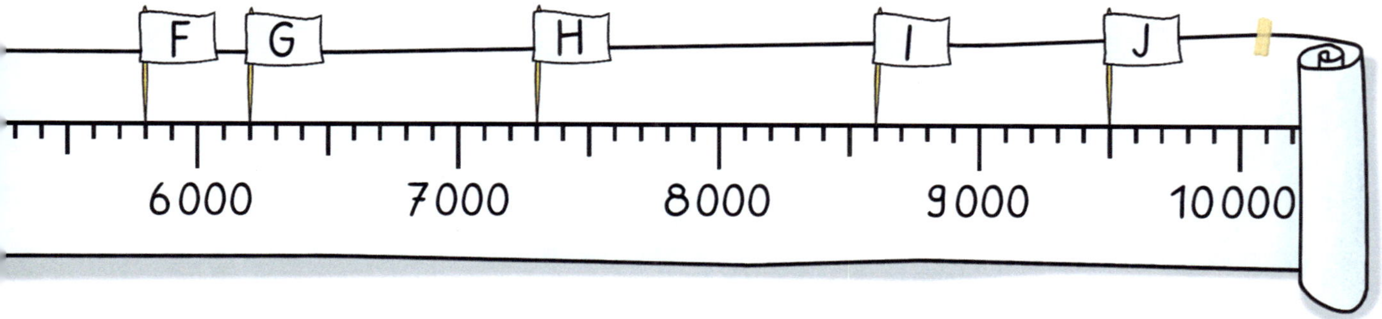

1 In welchen Schritten wird hier gezählt?
Finde die Regel und setze die Zahlenfolgen fort.
Schreibe auch die Regel auf.

Immer minus …
… weniger
Immer plus …
… mehr

a) 4300, 4350, 4400, …, 4650
b) 9999, 8888, 7777, …, 2222
c) 2325, 2300, 2275, …, 2150
d) 750, 1500, 2250, …, 6000

2 Schreibe eine eigene Zahlenfolge.
Dein Partnerkind findet die Regel und setzt die Zahlenfolge fort.

3 Welche Zahl ist genau in der Mitte?

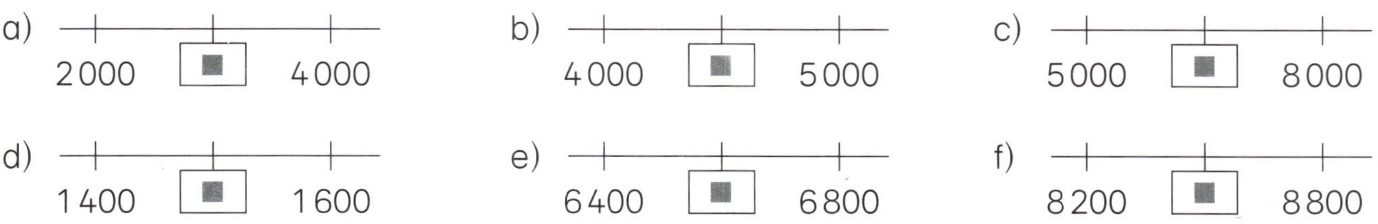

4 Welche Zahl ist genau in der Mitte?

a) 4000 und 6000
b) 3000 und 9000
c) 2300 und 2500
d) 6800 und 7200

5 Nenne eine Zahl zwischen 1000 und 10000.
Dein Partnerkind nennt den Vorgänger und den Nachfolger.

6 Welche Zahlen können es sein?

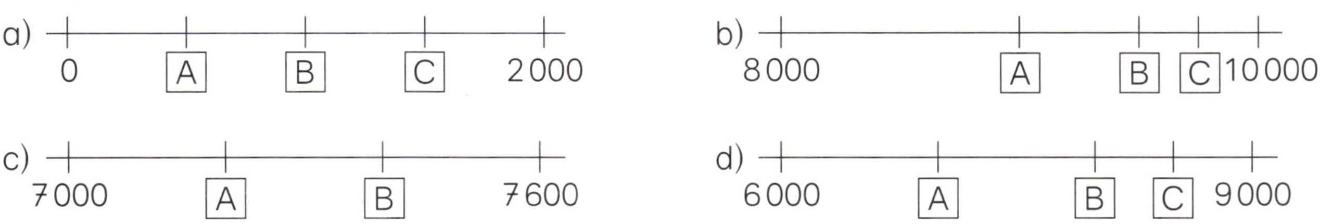

7

a) Die Zahl liegt fünf 1000er-Schritte vor 10000.

b) Die Zahl liegt sieben 100er-Schritte nach 2300.

c) Die Zahl liegt drei 200er-Schritte vor 4000.

7 Kopiervorlage für die Notation von Zahlenrätseln in der Handreichnung/BiBox für Lehrer/-innen. **Textverarbeitung:** Eigene Zahlenrätsel schreiben, ggf. speichern, ausdrucken und lösen (Vorlage in der BiBox für Lehrer/-innen).

AH S. 9

Zahlenstrahl – Nachbarzahlen

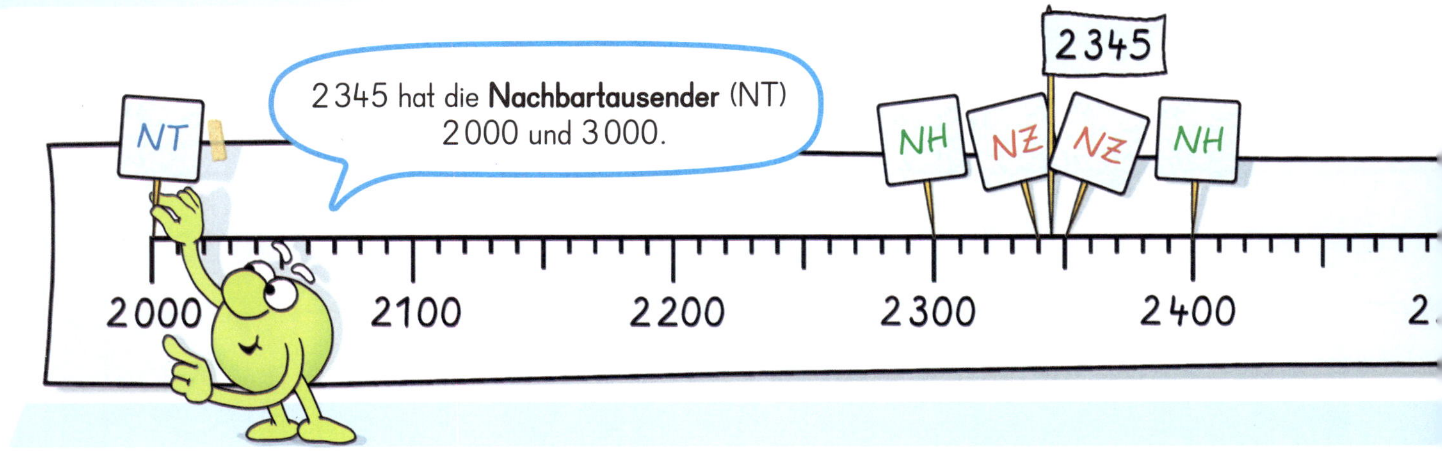

1 Schreibe beide Nachbartausender (NT) auf. Welcher Nachbartausender liegt näher an der Zahl? Unterstreiche.

a) 2600 4800 8400 7300

b) 2840 3420 6750 8580

c) 4273 9263 1936 5342

1 a)	N T	Zahl	N T
	2000	2600	<u>3000</u>

2 Sprünge zu den Nachbartausendern

a) 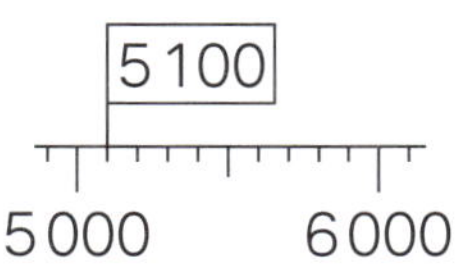

b) 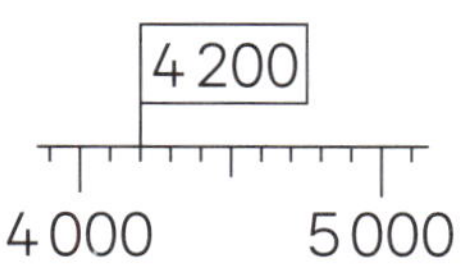

c) 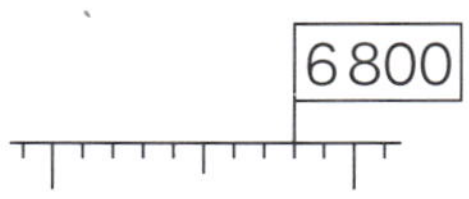

d) 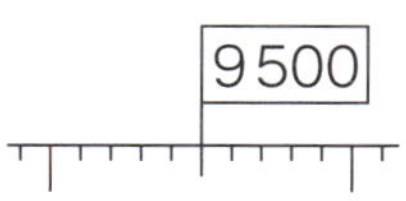

2 a)			
	5100 +	____	= 6000
	5100 −	____	= 5000

3 Vor oder zurück zum Nachbartausender

a) 2900 + ■ = 3000
3600 + ■ = 4000

b) 7800 − ■ = 7000
9100 − ■ = 9000

c) 8300 + ■ = ■
3600 − ■ = ■

d) 5400 − ■ = ■
6400 + ■ = ■

4 Welche Zahlen sind es? Schreibe beide Nachbarhunderter (NH) auf. Welcher Nachbarhunderter liegt näher an der Zahl? Unterstreiche.

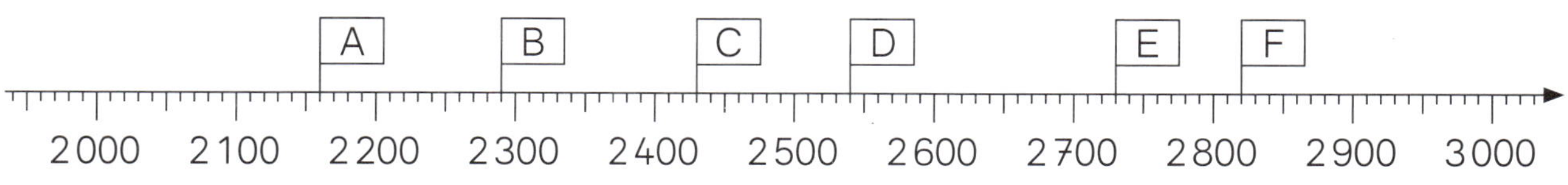

5 Sprünge zu den Nachbarhundertern. Schreibe wie in Aufgabe 2.

a) 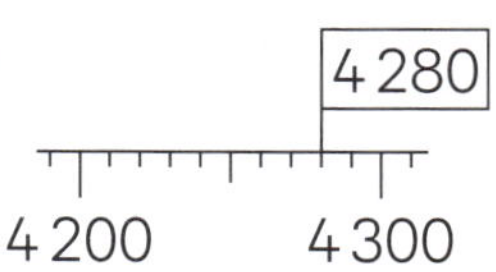

b) 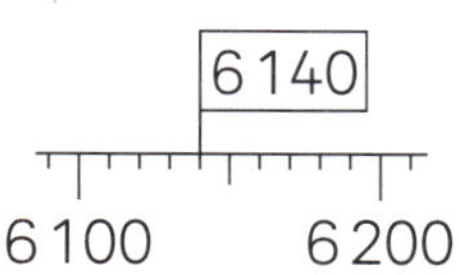

c) 

d) 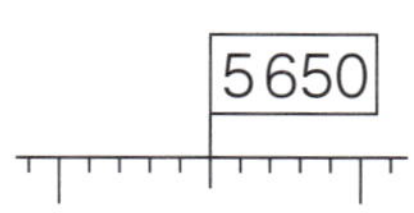

1 **Textverarbeitung:** Tabelle mit Zahl und Nachbartausendern mithilfe eines Textverarbeitungsprogramms erstellen (Vorlage in der BiBox für Lehrer/-innen).

Zahlenstrahl – Nachbarzahlen

1 Welche Zahlen sind es? Schreibe beide Nachbarzehner (NZ) auf.
Welcher Nachbarzehner liegt näher an der Zahl? Unterstreiche.

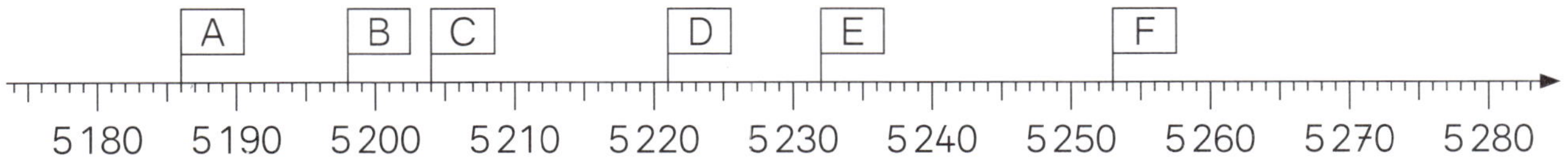

2 Sprünge zu den Nachbarzehnern

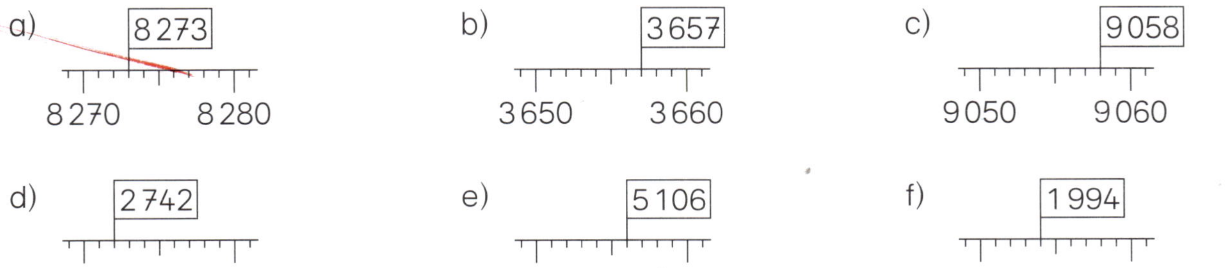

3 Vor und zurück. Erst zum Nachbarzehner, dann zum Nachbarhunderter
und zum Schluss zum Nachbartausender.

6283 2846 4534 8617 3435

3) 6283 + 7 + 10 + 700 =
6283 − 3 − 80 − 200 =

4

a) Der nächste Nachbartausender heißt 5000 und ist um 350 größer als die Zahl.

b) Der nächste Nachbarhunderter heißt 6200 und ist um 34 kleiner als die Zahl.

c) Die Zahl hat vier gleiche Ziffern. Der größere Nachbartausender ist 9000.

5 Schreibe eigene Zahlenrätsel. Dein Partnerkind löst sie.
Benutze die Fachbegriffe:

Nachbarzehner | Nachbarhunderter | Nachbartausender

5 Kopiervorlage für die Notation von Zahlenrätseln in der Handreichnung/BiBox für Lehrer/-innen. **Textverarbeitung:** Eigene Zahlenrätsel schreiben, ggf. speichern, ausdrucken und lösen (Vorlage in der BiBox für Lehrer/-innen).

AH S. 10

Rechnen bis 10 000

1

Über den Tausender

a) 800 + 600
800 + 300

b) 300 + 900
600 + 700

c) 500 + 600
800 + 700

d) 1 300 + 900
1 700 + 400

e) 4 700 + 500
8 300 + 900

f) 2 500 + 600
5 400 + 900

2

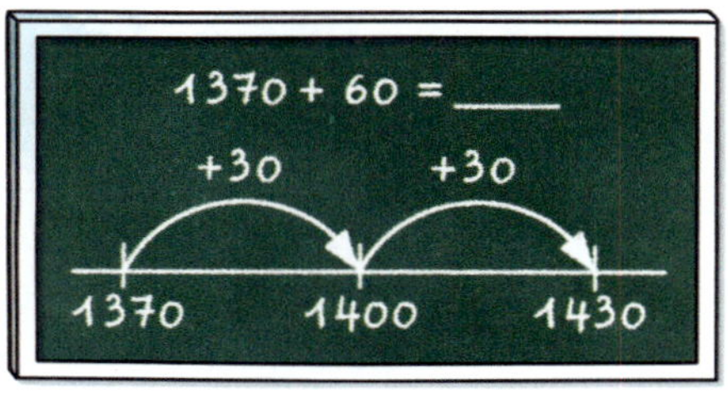

Über den Hunderter

a) 1 370 + 60
3 590 + 30
2 680 + 50

b) 3 490 + 40
5 860 + 90
7 160 + 60

c) 4 870 + 70
8 240 + 90
9 760 + 60

3

Über den Tausender

a) 1 400 − 600
1 100 − 600

b) 1 500 − 700
1 200 − 800

c) 1 300 − 700
1 400 − 500

d) 2 400 − 600
3 100 − 900

e) 4 500 − 700
7 300 − 600

f) 6 200 − 500
5 100 − 400

4

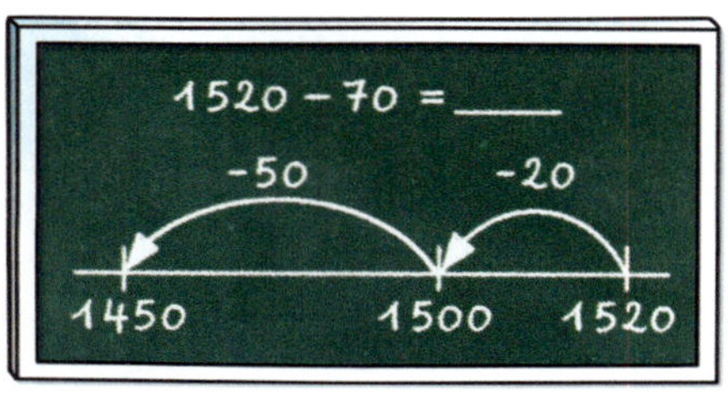

Über den Hunderter

a) 1 520 − 70
4 260 − 80
9 120 − 60

b) 8 130 − 50
3 640 − 80
5 920 − 50

c) 2 460 − 80
6 750 − 70
6 320 − 40

5 a) Schreibe immer zwei passende Aufgaben dazu.

A	B	C	D
2 820 + 700	4 640 + 800	3 200 − 500	8 300 − 600
2 840 + 700	4 645 + 800	3 215 − 500	8 325 − 600
2 860 + 700	4 650 + 800	3 230 − 500	8 350 − 600

b) Suche zwei Päckchen aus. Beschreibe sie.
Benutze die Fachbegriffe:

Summand | Summe | Minuend | Subtrahend | Differenz

6 a) 4 500 + 3 200
6 700 + 2 100

b) 1 900 + 4 800
3 500 + 5 700

c) 8 700 − 2 500
6 400 − 5 200

d) 4 200 − 2 700
9 300 − 5 600

AH S. 11

Rechnen bis 10000

1

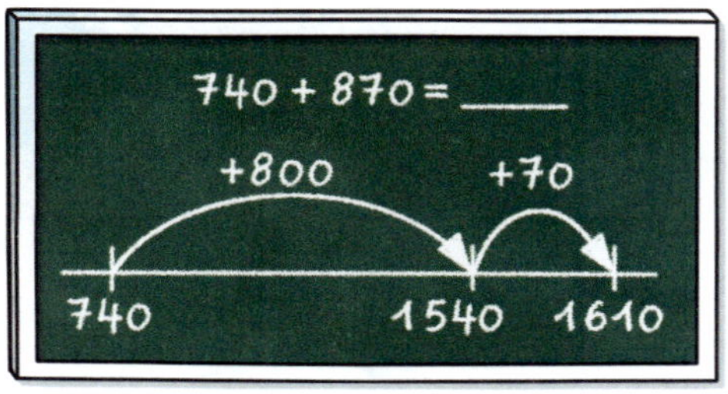

a) 740 + 870
470 + 930

b) 850 + 680
630 + 790

c) 640 + 890
560 + 750

d) 730 + 490
960 + 580

2

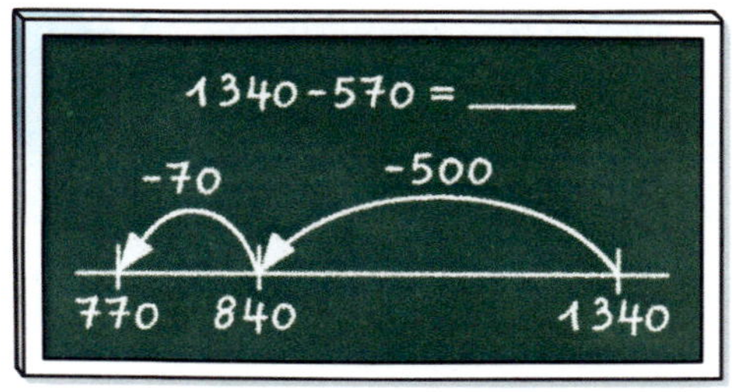

a) 1340 − 570
1530 − 880

b) 1410 − 740
1120 − 360

c) 1630 − 950
1460 − 670

d) 1520 − 640
1360 − 890

3 Übertrage die Tabellen in dein Heft und fülle sie aus.

3 a)

+	240	640
5630		
	8960	
4870		

b)

−	160	
8380		7920
5490		
	3580	

4 Rechne geschickt.
Ordne die Lösungsbuchstaben zu.

a) 7240 + 490
3170 + 590
7760 + 990
3830 + 790

b) 9840 − 390
3950 − 190
5610 − 990
6170 − 390

3760	A
4620	S
5290	N
5780	E
7730	M
8750	U
9450	H

5 Denke dir zwei Aufgaben aus, bei denen du geschickt rechnen kannst.
Erkläre deinem Partnerkind deinen Rechenweg.

6

a) Die beiden Summanden sind 4620 und 470. Wie heißt die Summe?

b) Der Minuend ist 8750, der Subtrahend ist 680. Wie heißt die Differenz?

c) Der eine Summand ist 5480. Die Summe ist 6210. Wie heißt der andere Summand?

3 Kopiervorlage mit Tabellen in der Handreichung/BiBox für Lehrer/-innen.
5 **Videoaufnahme**: Erklärfilm aufnehmen, wie die eigenen Aufgaben geschickt gelöst werden können.

AH S. 11

1 Addiere schriftlich.
Alle Summen haben
die Quersumme (Qu.) 22.

a)	b)
5287 + 4365	3655 + 2874
8135 + 1670	3482 + 455
4095 + 2542	5176 + 3198
2749 + 1935	1807 + 7665

2 Subtrahiere schriftlich. Alle Differenzen haben die Quersumme 13.

a)	b)	c)	d)
6283 − 4965	8940 − 2816	6484 − 3672	9357 − 6086
7804 − 3741	3319 − 615	6951 − 836	4398 − 2576

3 Was hat Flex falsch gemacht? Ordne zu und schreibe die Aufgaben richtig in dein Heft.

A	B	C	D
5 2 8 4	7 2 8 4	1 3 4 7	4 2 8 2
+ 3 5 8 3	+ 1 9 1	+ 8 2 3 6	+ 2 5 4 3
	1	1 1	1
8 7 6 7	9 1 9 4	9 6 8 3	6 8 2 4

① Ziffern falsch addiert
② Übertrag fehlt
③ falscher Übertrag
④ nicht stellengerecht aufgeschrieben

4 Klecksaufgaben. Welche Ziffern fehlen?

a)

	●	8	2	●
+	3	●	5	4
	9	4	●	1

b)

	●	6	1	4
+	2	●	●	9
	5	9	6	●

c)

	4	●	2	9
−	●	3	●	6
	2	3	8	●

d)

	9	●	8	●
−	●	6	2	7
	4	6	●	6

5 a) Wie rechnest du? Ordne die Aufgaben den Kisten zu.

A 9340 − 799	B 7541 − 3825	C 7248 − 3	D 8470 + 200
E 3458 + 2743	F 6750 + 870	G 4580 + 399	H 5820 − 430

b) Finde für jede Kiste zwei eigene Aufgaben.

AH S. 12 3 A-F

Wechsel ins Themenheft Sachrechnen und Größen, S. 18-22 möglich (nach Möglichkeit sollte das Themenheft Multiplizieren und Dividieren bis S. 17 ebenfalls bearbeitet sein.)

1 In den Osterferien starten am Düsseldorfer Flughafen in der ersten Ferienwoche 2083 Flugzeuge und in der zweiten Woche 2036 Flugzeuge. Wie viele Starts gibt es in den Ferien insgesamt?

2 Im Flugzeug nach Mallorca sind 574 Koffer, 493 Reisetaschen und 161 Wanderrucksäcke. Wie viele Gepäckstücke sind es insgesamt?

3 a) Am Ostersamstag starten mehrere Flugzeuge nach Menorca und Ibiza. Insgesamt fliegen 1187 Fluggäste nach Menorca und 1078 nach Ibiza. Wie viele Fluggäste mehr fliegen nach Menorca als nach Ibiza?

b) Am Sonntag fliegen 59 Fluggäste weniger nach Menorca und 91 Fluggäste weniger nach Ibiza als am Samstag.

c) Wie viele Fluggäste fliegen an diesem Wochenende insgesamt nach Menorca oder Ibiza?

4 Die Start- und Landebahn am Düsseldorfer Flughafen ist 3000 m lang. Wie viel Meter der Startbahn werden nicht genutzt, wenn

a) ... ein mittelgroßes Flugzeug eine Startstrecke von 1830 m hat?

b) ... ein großes Flugzeug eine Startstrecke von 2570 m hat?

5 Eine beladene Boeing 777-200 kann mit einer vollen Tankfüllung 9650 km weit fliegen.

a) New York ist 6036 km von Düsseldorf entfernt. Wie viel Kilometer könnte das Flugzeug noch weiter fliegen?

b) Auf dem Weg nach Bangkok macht das Flugzeug nach 4998 km in Dubai eine Zwischenlandung. Dann geht es noch 4886 km bis nach Bangkok weiter. Reicht eine Tankfüllung?

6 Erfinde eine eigene Rechengeschichte zum Thema Flughafen. Dein Partnerkind löst sie.

6 Kopiervorlage zur Notation von Rechengeschichten in der Handreichung/BiBox für Lehrer/-innen. **Textverarbeitung:** Eigene Rechengeschichten schreiben, ggf. speichern, ausdrucken und lösen (Vorlage in der BiBox für Lehrer/-innen).
Vorherige Bearbeitung Themenheft Sachrechnen und Größen S. 4-7 empfohlen.

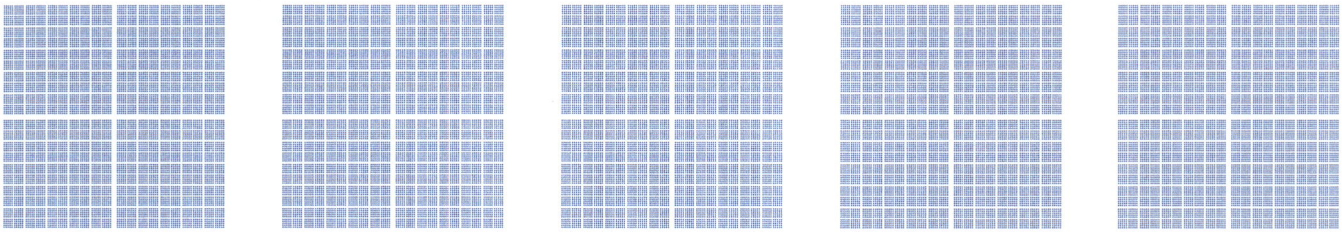

10 000	20 000	30 000	40 000	50 000
zehntausend	zwanzigtausend	dreißigtausend	vierzigtausend	fünfzigtausend

Wunderino-Arena
Handballteam: THW Kiel
Zuschauerplätze: 10 250

1 Schreibe wie Flex in dein Heft.

	HT	ZT	T	H	Z	E
a)		4	3	2	8	1
b)		2	4	0	3	5
c)		8	0	4	3	7
d)		1	0	0	7	9
e)		5	0	9	3	9
f)		9	9	9	9	0

2 Übertrage in eine Stellentafel. Wie heißt die Zahl?

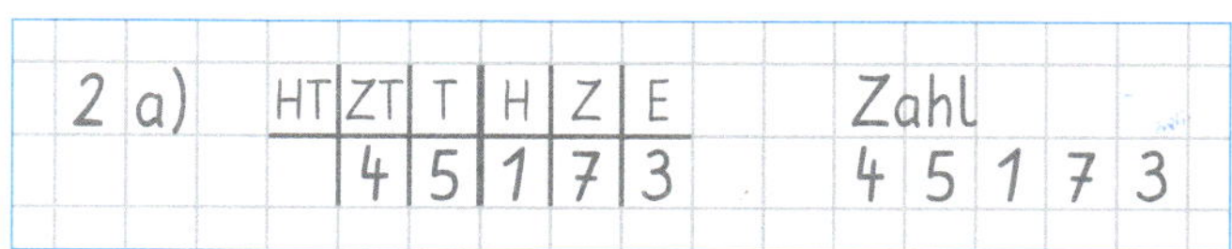

a) 4 ZT + 5 T + 1 H + 7 Z + 3 E
5 ZT + 6 T + 7 H + 2 Z + 8 E

b) 3 ZT + 5 T + 2 H + 1 Z + 1 E
2 ZT + 1 T + 6 H + 5 Z + 4 E

c) 7 ZT + 3 H + 4 Z + 9 E
1 ZT + 4 H + 3 Z + 5 E

d) 4 ZT + 2 T + 3 H + 6 E
8 ZT + 5 T + 7 Z + 3 E

3 Welche Zahl ist es?

a) 30 000 + 5 000 + 600 + 7
40 000 + 3 000 + 50 + 6

b) 40 000 + 200 + 70 + 3
10 000 + 600 + 30 + 5

c) 70 000 + 2 000 + 5
60 000 + 4 000 + 30

4 a) 20 000 + 800 + 6 000 + 40
9 + 50 000 + 400 + 7 000

b) 500 + 80 000 + 9 + 20
60 + 5 + 8 000 + 60 000

c) 7 + 90 000 + 60
80 + 1 + 70 000

AH S. 13

Zahlen bis 100 000

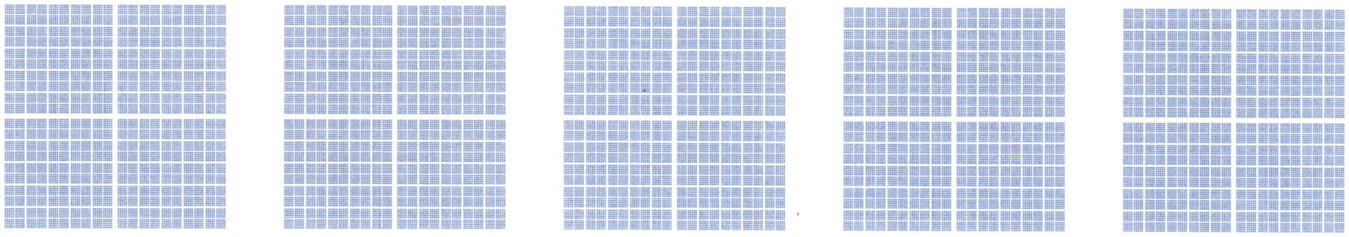

60 000	70 000	80 000	90 000	100 000
sechzigtausend	siebzigtausend	achtzigtausend	neunzigtausend	einhunderttausend

Mercedes-Benz-Arena
Fußballteam: VfB Stuttgart
Zuschauerplätze: 60 449

1 Dein Partnerkind diktiert dir eine fünfstellige Zahl. Schreibe sie auf. Wechselt euch ab.

2 Finde für jede Zahl zwei weitere Zerlegungen.

a) 100 000
100 000 = 10 000 + ■
100 000 = 30 000 + ■

b) 50 000
50 000 = 10 000 + ■
50 000 = 20 000 + ■

c) 70 000
70 000 = 20 000 + ■
70 000 = 30 000 + ■

3 Was fällt euch auf?

a) 30 000 + 8	b) 50 000 + 5	c) 70 000 + 9	d) 80 000 + 4
30 000 + 80	50 000 + 50	70 000 + 90	80 000 + 40
30 000 + 800	50 000 + 500	70 000 + 900	80 000 + 400
30 000 + 8 000	50 000 + 5 000	70 000 + 9 000	80 000 + 4 000

4

a) 75 000 − 30 000	b) 58 000 − 25 000	c) 45 000 − 21 000	d) 89 000 − 34 000
58 000 − 20 000	49 000 − 36 000	57 000 − 35 000	67 000 − 46 000

5 a) Schreibe immer zwei passende Aufgaben dazu.

A	B	C
41 000 + 20 000	52 000 + 46 000	81 000 + 18 000
42 000 + 20 000	52 000 + 45 000	82 000 + 17 000
43 000 + 20 000	52 000 + 44 000	83 000 + 16 000

b) Beschreibe die Päckchen.

Der erste Summand …
Der zweite Summand …

Die Summe …

Recherche: Sportstätten recherchieren und Anzahl der Zuschauerplätze notieren.

100 000	200 000	300 000	400 000	500 000
einhundert-tausend	zweihundert-tausend	dreihundert-tausend	vierhundert-tausend	fünfhundert-tausend

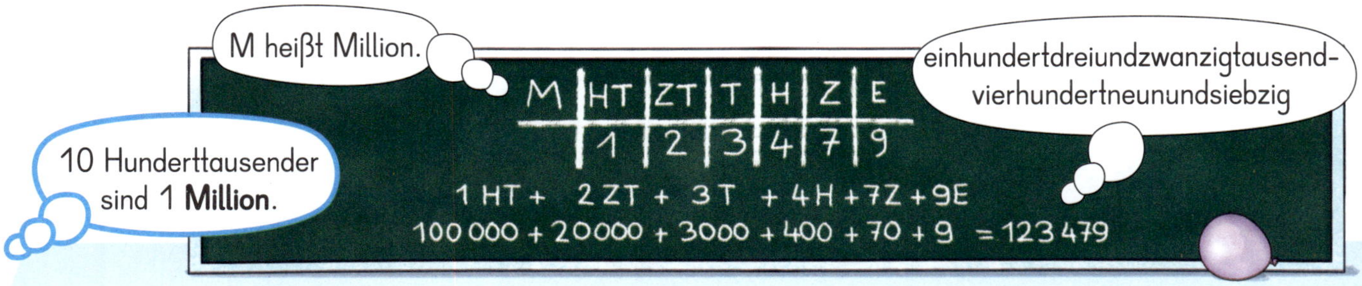

1 Wie heißt die Zahl? Schreibe wie auf der Tafel in dein Heft.

a)

M	HT	ZT	T	H	Z	E
	1	2	3	4	7	9

b)

M	HT	ZT	T	H	Z	E
	7	9	2	3	0	1

c)

M	HT	ZT	T	H	Z	E
	6	0	4	5	0	3

2 Übertrage in eine Stellentafel.
Wie heißt die Zahl?

a) 4 HT + 2 ZT + 5 T + 3 H + 6 Z + 1 E
5 HT + 7 ZT + 6 T + 2 H + 3 Z + 4 E

b) 3 HT + 6 ZT + 3 T + 5 H + 2 Z + 1 E
5 HT + 9 ZT + 2 T + 6 H + 3 Z + 8 E

c) 7 HT + 2 ZT + 5 T + 3 H + 8 E
6 HT + 7 T + 4 Z + 2 E

2 a)

M	HT	ZT	T	H	Z	E	Zahl
	4	2	5	3	6	1	4 2 5 3 6 1

3 Welche Zahl ist es?

a) 700 000 + 3000 + 500 + 10 + 2
900 000 + 70 000 + 3000 + 40 + 1

b) 500 000 + 70 000 + 300 + 70 + 8
300 000 + 2000 + 400 + 80 + 4

4 Wie heißt die Zahl,

a) wenn ein Plättchen an der Hunderttausenderstelle dazugelegt wird?
b) wenn ein Plättchen an der Tausenderstelle dazugelegt wird?
c) wenn ein Plättchen von der Tausenderstelle an die Hunderterstelle verschoben wird?

M	HT	ZT	T	H	Z	E
	●●●	●●●●	●		●●●	●●

5 Wie verändert sich die Zahl? Vermutet und ergänzt die Sätze.
Überprüft eure Vermutung mit Beispielen.

a) Wenn ich ein Plättchen von der Tausenderstelle an die Hunderterstelle verschiebe, wird die Zahl um …

b) Wenn ich ein Plättchen von der Zehntausenderstelle an die Hunderttausenderstelle verschiebe, wird die Zahl um …

AH S. 14

Audioaufnahme: Zahlendiktat: Ein Kind spricht mehrere Zahlen ein, andere Kinder schreiben die Zahlen.

Zahlen bis 1 000 000

600 000	700 000	800 000	900 000	1 000 000
sechshunderttausend	siebenhunderttausend	achthunderttausend	neunhunderttausend	eine Million

1 Finde für jede Zahl zwei weitere Zerlegungen.

a) 1 000 000
1 000 000 = 900 000 + ■
1 000 000 = 600 000 + ■

b) 500 000
500 000 = 100 000 + ■
500 000 = 250 000 + ■

c) 700 000
700 000 = 350 000 + ■
700 000 = 600 000 + ■

2 Was fällt euch auf?

a) 400 000 + 8
400 000 + 80
400 000 + 800
400 000 + 8 000
400 000 + 80 000

b) 600 000 + 5
600 000 + 50
600 000 + 500
600 000 + 5 000
600 000 + 50 000

c) 900 000 + 6
900 000 + 60
900 000 + 600
900 000 + 6 000
900 000 + 60 000

3 a) 680 000 − 200 000
340 000 − 100 000

b) 550 000 − 430 000
630 000 − 320 000

c) 480 000 − 80 000
940 000 − 30 000

4 a) Schreibe immer zwei passende Aufgaben dazu.

A
740 000 − 300 000
750 000 − 300 000
760 000 − 300 000

B
840 000 − 20 000
850 000 − 21 000
860 000 − 22 000

C
280 000 − 100 000
270 000 − 100 000
260 000 − 100 000

b) Beschreibe die Päckchen.

Der Minuend …
Der Subtrahend …

Die Differenz …

5 a) Setze die Aufgabe 410 000 − 200 000 fort.
Schreibe vier weitere Aufgaben auf.
Der Minuend wird immer um 10 000 größer. Die Differenz bleibt gleich.

b) Wie verändert sich der Subtrahend?

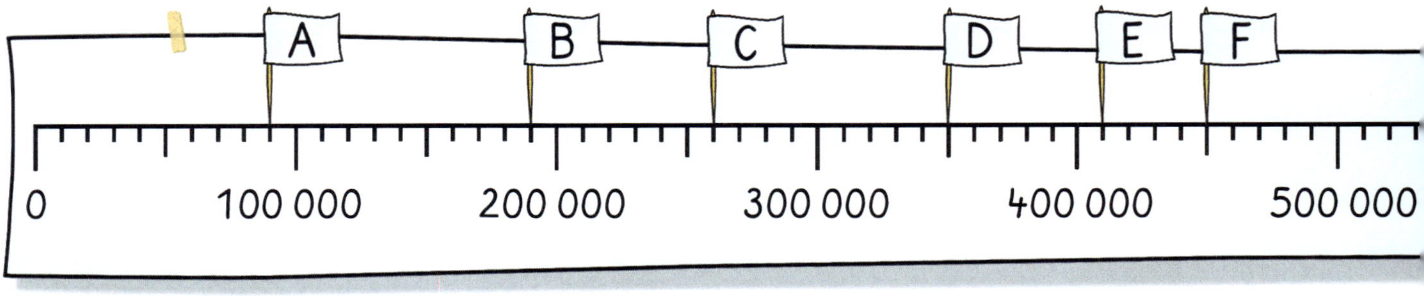

1 Bei welchen Zahlen stehen die Fähnchen von Flo?

1) A: 90000 B:

2 Sucht die Zahlen am Zahlenstrahl und zählt weiter.

a) 0, 50 000, 100 000, …, 250 000

b) 110 000, 120 000, …, 160 000

c) 1 000 000, 950 000, …, 750 000

d) 650 000, 640 000, …, 600 000

3 Bei welchen Zahlen stehen die Fähnchen?

a)

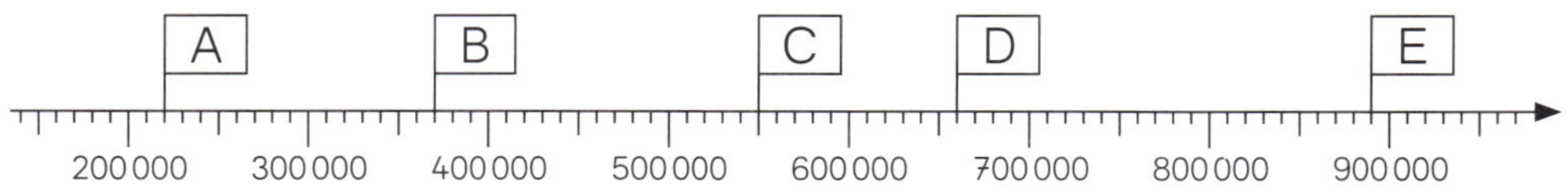

b)

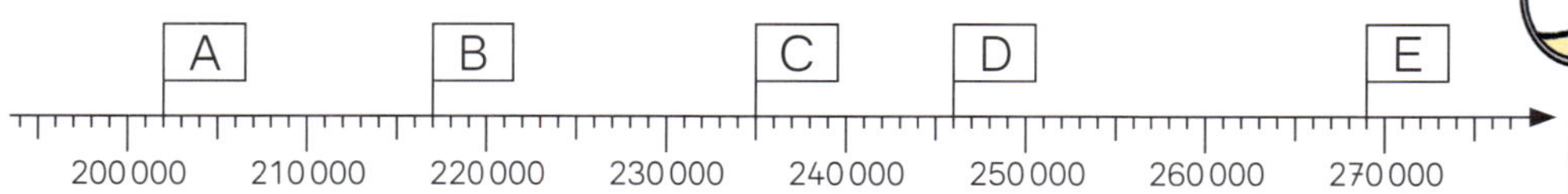

c)

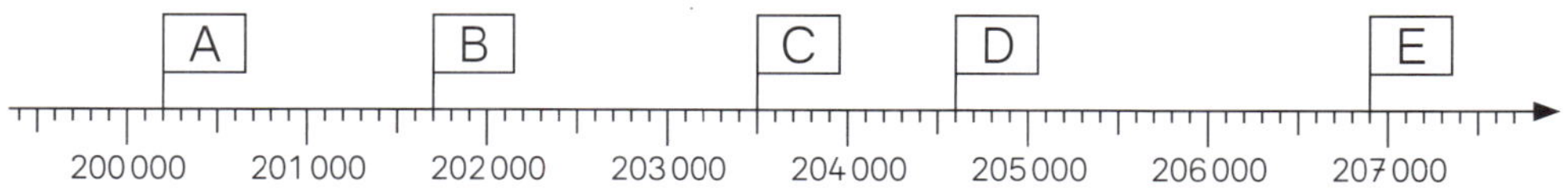

4 Ordne der Größe nach. Beginne mit der kleinsten Zahl.

a) 520 963, 43 794, 302 693, 73 629, 600 254

b) 709 864, 769 998, 790 638, 801 246, 799 802

c) 463 940, 406 399, 406 309, 463 000, 439 990

4 a) 43 794 <

5 Kleiner oder größer? Setze ein: < oder >

a) 504 208 ■ 405 208
789 346 ■ 798 659
803 999 ■ 804 001

b) 53 000 ■ 6 495
90 538 ■ 89 999
48 567 ■ 78 300

c) 593 208 ■ 539 088
358 988 ■ 361 001
551 142 ■ 551 124

Zahlenstrahl

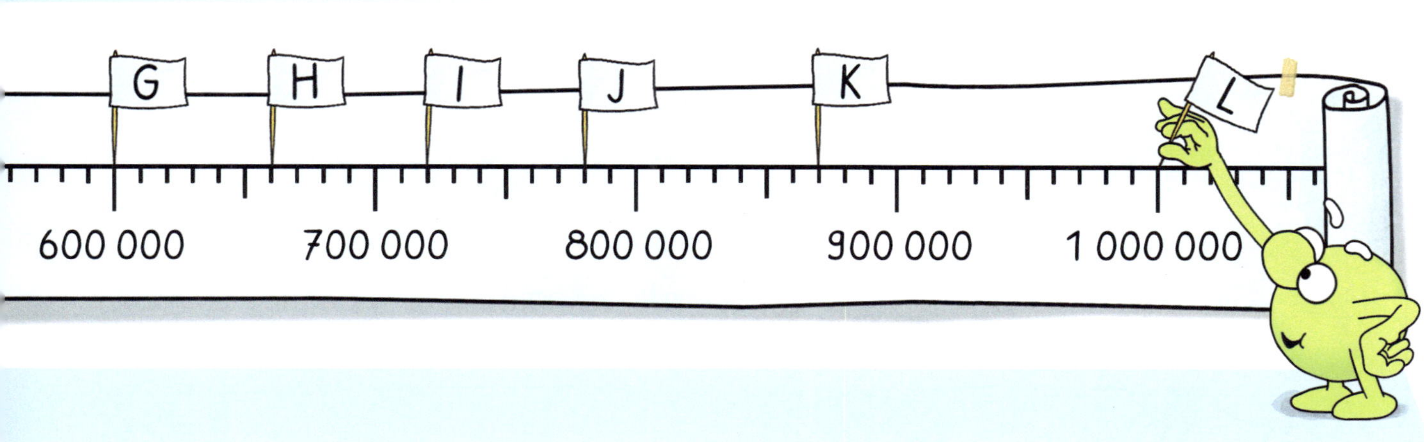

1 In welchen Schritten wird hier gezählt?
Finde die Regel und setze die Zahlenfolgen fort.
Schreibe auch die Regel auf.

a) 540 800, 540 900, …, 541 400
b) 128 446, 128 456, …, 128 506
c) 125 250, 125 375, …, 126 000
d) 808 600, 808 550, …, 808 300
e) 350 300, 350 275, …, 350 150

Immer minus …

Immer plus …

… mehr

… weniger

2 Welche Zahl ist genau in der Mitte?

a) 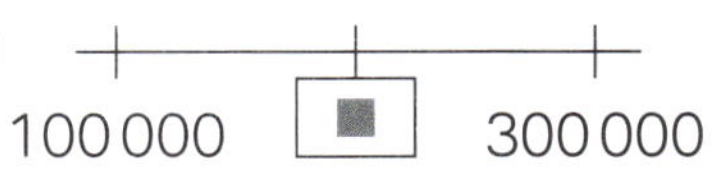

b) 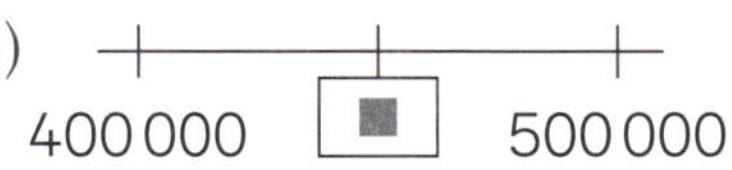

c) 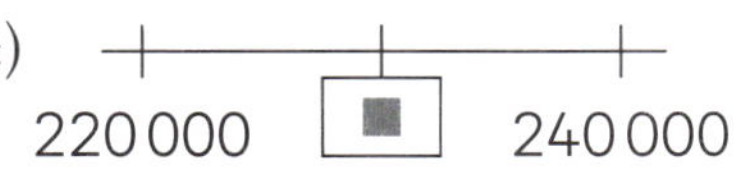

d) 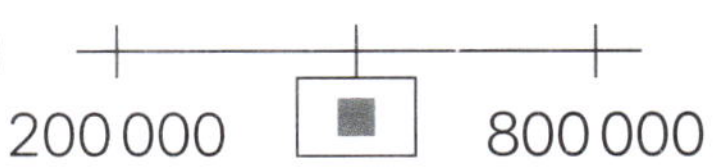

e) 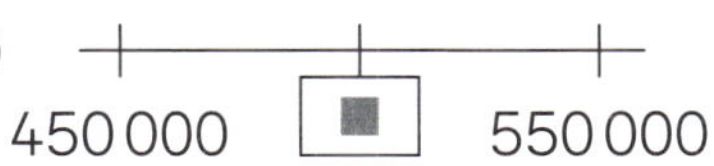

f) 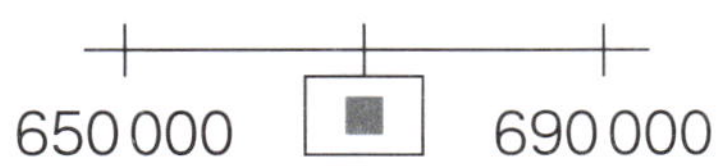

3 Welche Zahlen können es sein?

a) 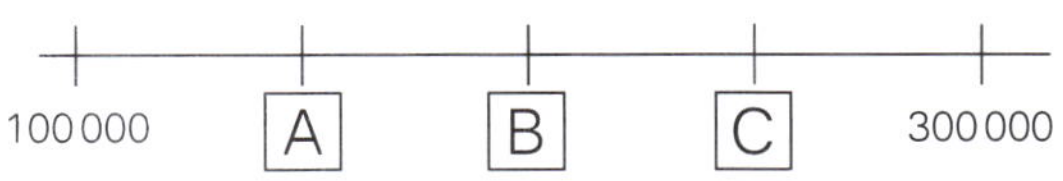

b) 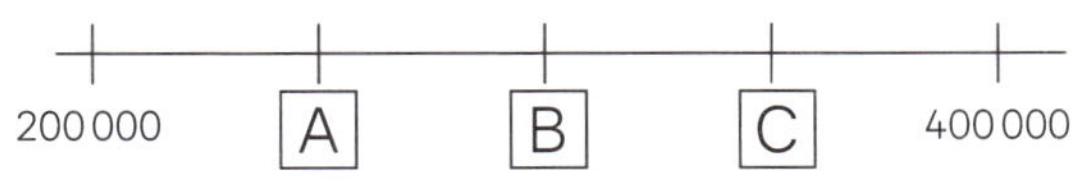

c) 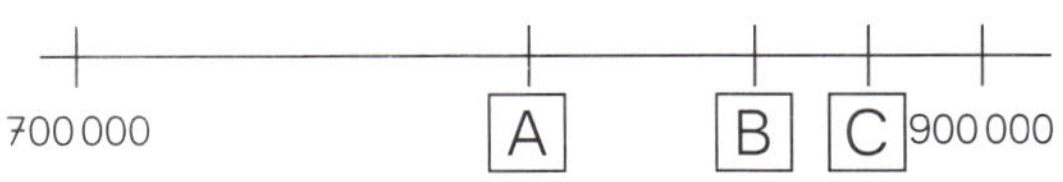

d) 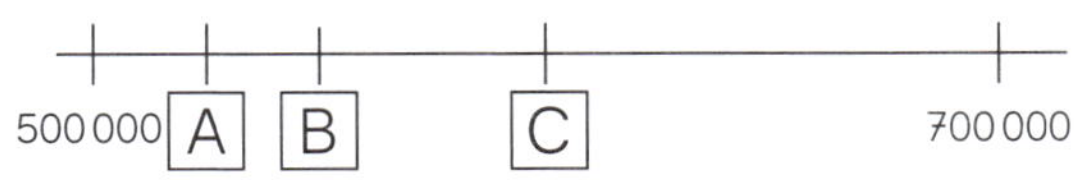

e) 

f) 

4

a) Die Zahl liegt sechs 100er-Schritte nach 50 000.

b) Die Zahl liegt fünf 100er-Schritte vor 200 000.

c) Die Zahl liegt drei 1000er-Schritte nach 408 000.

d) Die Zahl liegt vier 10 000er-Schritte vor 650 000.

e) Die Zahl liegt genau in der Mitte zwischen 148 000 und 348 000.

f) Die Zahl liegt genau in der Mitte zwischen 768 142 und 968 142.

AH S. 15

Zahlenstrahl – Nachbarzahlen

1 Schreibe beide Nachbarhunderttausender (NHT) auf.
Welcher Nachbarhunderttausender liegt näher an der Zahl? Unterstreiche.

a)	b)
539 800	732 945
763 900	808 539
463 500	346 452
721 600	903 843

1 a)	NHT	Zahl	NHT
	500 000	539 800	600 000

2 Schreibe die Zahlen und beide Nachbarzehntausender (NZT) auf. Welcher Nachbarzehntausender liegt näher an der Zahl? Unterstreiche.

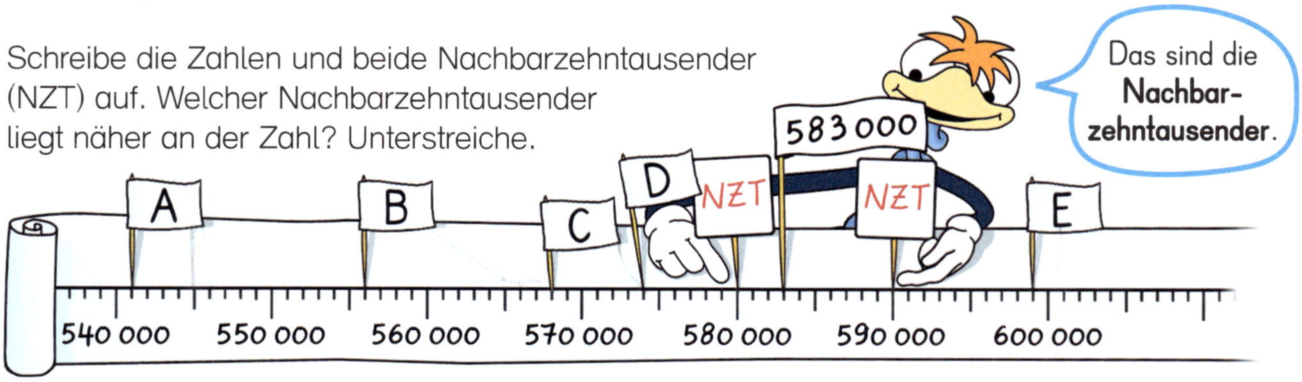

3 Sprünge zu den Nachbarzehntausendern

a)	b)	c)
784 000	145 000	273 000
385 000	437 000	868 000
142 000	526 000	659 000

3 a)	784 000 + 6 000 =
	784 000 − 4 000 =

4 Schreibe die Zahlen und beide Nachbartausender (NT) auf.
Welcher Nachbartausender liegt näher an der Zahl? Unterstreiche.

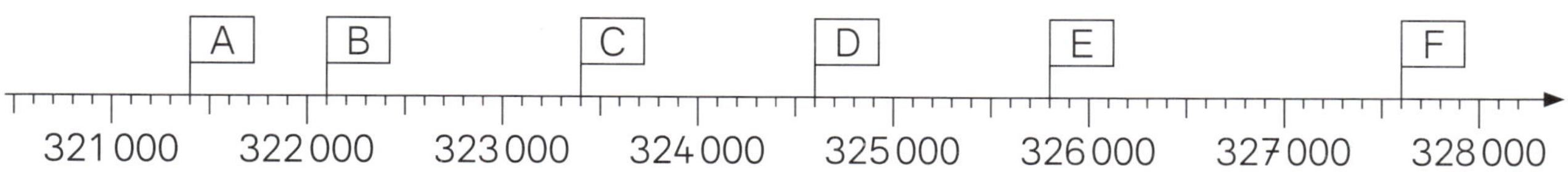

5 Sprünge zu den Nachbartausendern

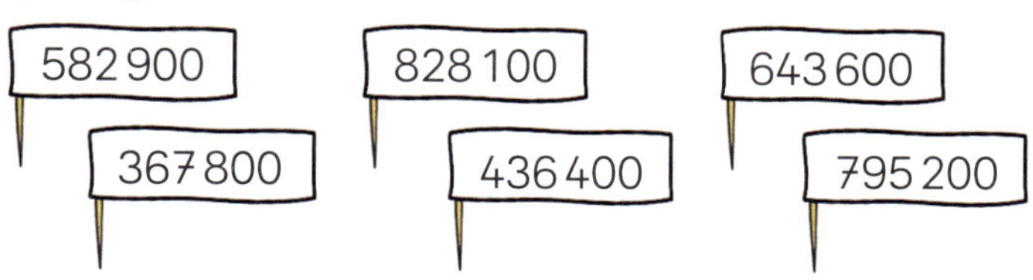

5)	582 900 + 100 =
	582 900 − 900 =

AH S. 16

Flex hat die Zahl auf Hunderttausender gerundet.

Für das Runden von Zahlen gilt diese Regel:
Bei 0, 1, 2, 3, 4 wird abgerundet. Bei 5, 6, 7, 8, 9 wird aufgerundet.

	HT	ZT	T	H	Z	E
	2	1	7	1	2	3
≈	2	0	0	0	0	0

An der Zehntausenderstelle steht eine 1, also wird **abgerundet**.

	HT	ZT	T	H	Z	E
	5	8	7	6	9	6
≈	6	0	0	0	0	0

An der Zehntausenderstelle steht eine 8, also wird **aufgerundet**.

1 Runde die Zahlen auf Hunderttausender. Schaue dir dazu die Zehntausenderstelle an.

a) 246 873
158 917
264 538

b) 517 086
330 415
827 863

c) 264 597
173 282
950 091

1 a) 246 873 ≈ 200 000

2 Runde die Zahlen auf Zehntausender. Schaue dir dazu die Tausenderstelle an.

a) 358 753
212 817
373 028

b) 126 412
245 813
642 528

c) 58 948
42 856
64 249

2 a) 358 753 ≈ 360 000

3 Runde die Zahlen auf Tausender. Schaue dir dazu die Hunderterstelle an.

a) 25 173
48 961
25 518

b) 52 817
73 205
91 472

c) 37 678
68 327
19 195

3 a) 25 173 ≈ 25 000

4 a) Wann ist es sinnvoll zu runden? Wann ist die genaue Zahl wichtig?

A Einwohnerzahl B Weite beim Weitsprung C Entfernung zum Mond

b) Findet eigene Beispiele.

R5

4 **Recherche:** Einwohnerzahlen verschiedener Städte recherchieren und sinnvoll runden.
Erklärvideo: Runden

AH S. 17

Rechnen bis 1 000 000

1 Alle Ergebnisse haben die Quersumme 9.

a) 44 000 + 91 000
37 000 + 89 000

b) 47 000 + 34 000
28 000 + 26 000

c) 67 000 + 23 000
23 000 + 94 000

d) 66 000 − 48 000
83 000 − 29 000

e) 65 000 − 47 000
45 000 − 18 000

f) 58 000 − 22 000
73 000 − 28 000

2 Alle Ergebnisse haben die Quersumme 11.

a) 57 000 + 6 200
99 000 + 7 400

b) 63 000 + 9 200
35 000 + 7 500

c) 75 000 − 4 600
18 000 − 2 500

d) 67 000 − 3 800
28 000 − 5 300

3

a) 50 000 + 1 627
50 000 + 385
50 000 + 96

b) 70 000 + 4 397
70 000 + 634
70 000 + 58

c) 73 624 − 3 000
68 319 − 300
85 432 − 30

d) 73 512 − 500
85 607 − 5 000
98 635 − 5

4 Immer zwei Zahlen ergeben zusammen 1 000 000.
Schreibe die Additionsaufgaben in dein Heft.

307 000 | 538 000 | 562 000 | 383 000 | 386 000 | 693 000 | 438 000 | 614 000 | 617 000

5 Schreibe immer zwei passende Aufgaben dazu. Wie verändert sich die Summe?

a) 450 000 + 20 000
450 000 + 30 000
450 000 + 40 000

b) 230 000 + 19 000
230 000 + 29 000
230 000 + 39 000

c) 320 000 + 68 000
330 000 + 68 000
340 000 + 68 000

6 Schreibe immer zwei passende Aufgaben dazu. Wie verändert sich die Differenz?

a) 980 000 − 42 000
980 000 − 52 000
980 000 − 62 000

b) 730 000 − 14 000
730 000 − 24 000
730 000 − 34 000

c) 125 000 − 25 000
125 000 − 35 000
125 000 − 45 000

7 Stimmt es oder stimmt es nicht? Begründet und überprüft mit Beispielen.

A: Wenn der Minuend und der Subtrahend um 1 000 kleiner werden, bleibt die Differenz gleich.

B: Wenn der eine Summand gleich bleibt und der andere Summand um 1 000 kleiner wird, wird die Summe um 1 000 größer.

C: Wenn der Minuend um 1 000 kleiner wird und der Subtrahend gleich bleibt, wird die Differenz um 1 000 größer.

AH S. 18

Rechnen bis 1 000 000

1 Addiere immer zwei Zahlen schriftlich.
Rechne mindestens sechs Aufgaben.

10 085 | 53 801 | 21 140 | 641 138 | 89 803 | 84 157 | 54 107 | 761 958 | 12 397 | 114 857 | 798 169 | 37 407

2 Schreibe immer zwei passende Aufgaben dazu und rechne.

a)

11111		22222	33333
+ 54321		+ 54321	+ 54321

b)

98765	87654	76543
− 55555	− 44444	− 33333

3 Klecksaufgaben. Welche Ziffern fehlen?

a)
	4	2	●	7	9
+	3	●	1	4	●
+	1	7	2	●	3
●	5	2	2	4	

b)
	●	3	4	7	●
+	4	1	8	5	3
+	1	●	●	6	1
	8	5	6	●	6

c)
	7	●	1	●	5
+	3	7	●	3	2
+	●	2	7	1	8
1	6	4	4	3	●

d)
	5	2	●	3	7
+	2	●	3	●	6
+	7	6	9	5	●
1	●	0	1	3	6

4 a) 4 982 b) 7 365 c) 5 824 d) 9 173

Addiert zu der Zahl die Zahl 7 463.
Subtrahiert dann von derselben Zahl 2 537.
Vergleicht die Ergebnisse.
Was fällt euch auf?
Könnt ihr es begründen?

5 Welche Ziffernkarten kannst du legen, damit die Summe stimmt?
Jede Ziffernkarte darfst du nur einmal verwenden.

a) □□□□ + □□□□ = 1 2 9 7 8

b) □□□□ + □□□□ = 1 5 5 7 9

1 2 3 4 5 6 7 8 9

4 A-E
5 A-F
AH S. 19

1 Subtrahiere immer zwei Zahlen schriftlich.
Rechne mindestens sechs Aufgaben.

549 816 | 917 638 | 12 345 | 45 280 | 24 578 | 81 073 | 216 987 | 19 698 | 80 872 | 52 893 | 48 679 | 58 176

2 Subtrahiere erst schriftlich. Überprüfe dann mit der Probe.

a) 384 925 − 267 894
835 689 − 625 765

b) 932 406 − 728 763
605 891 − 36 257

c) 719 460 − 48 725
580 473 − 263 816

3 Klecksaufgaben. Welche Ziffern fehlen?

a)

	3	●	2	●	9	●
−	●	9	●	6	8	7
	1	7	7	2	0	7

b)

	●	3	4	●	1	●
−	4	8	●	1	3	2
	3	●	7	2	●	5

c)

	●	1	3	●	2	●
−	3	●	●	5	6	1
	2	4	0	9	●	9

4 85 382 | 9 567 | 36 942 | 91 857 | 18 532 | 8 346 | 26 453

a) Wählt zwei Zahlen und subtrahiert schriftlich.

A Die Differenz soll größer als 70 000 sein. Findet zwei Aufgaben.
B Die Differenz soll kleiner als 40 000 sein. Findet zwei Aufgaben.

b) Wie seid ihr vorgegangen?

5 a) 219 347 b) 562 438 c) 970 184

Subtrahiert von der Zahl die Zahl 19 482.
Subtrahiert dann von der Differenz die Zahl 80 518.
Vergleicht euer Ergebnis mit der Zahl.
Was fällt euch auf? Könnt ihr es begründen?

6 Welche Ziffernkarten kannst du legen, damit die Differenz stimmt?
Jede Ziffernkarte darfst du nur einmal verwenden.

a)

	□	□	□	□
−	□	□	□	□
	3	2	3	4

b)

	□	□	□	□
−	□	□	□	□
	5	3	1	1

1 | 2 | 3 | 4 | 5 | 6 | 7 | 8 | 9

4 b) **Videoaufnahme**: Erklärfilm zu den Lösungsstrategien aufnehmen.
Wechsel ins Themenheft Sachrechnen und Größen, S. 10, S. 11, S. 23-27, S. 28-30 und S. 31-34 möglich (nach Möglichkeit sollte das Themenheft Multiplizieren und Dividieren für S. 10 bis S. 23, für S. 11 bis S. 37, für S. 23-27, S. 28-30 und S. 31-34 bis S. 31 ebenfalls bearbeitet sein).

AH S. 19
4 F-H

Rechnen in Sachsituationen

Der Tennisverband Rankelberg (TVR) verschickt einmal im Jahr eine Zeitung mit Neuigkeiten an die Verbandsmitglieder. Hier siehst du einige Ausschnitte aus der Zeitung.

Mitgliederentwicklung Tennisverband Rankelberg

Jahr	Mitglieder		
	insgesamt	Erwachsene	Kinder
2020	67 748	46 773	
2021	85 467	64 897	
2022	75 557	53 015	

1 a) Berechne die Mitgliederanzahl der Kinder in den Jahren 2020, 2021 und 2022.

b) Wie hat sich die Anzahl der Verbandsmitglieder von 2020 auf 2021 verändert? Berechne den Unterschied.

c) Wie hat sich die Anzahl der Verbandsmitglieder von 2021 auf 2022 verändert? Berechne den Unterschied.

2 Runde alle Mitgliederzahlen auf Tausender.

3 Finde jeweils eine passende Frage. Löse die Aufgabe.

a) **Starke Nachfrage beim Mai-Turnier**
8 563 Personen wollten sich das Turnier anschauen. 2 363 haben leider keine Karte mehr bekommen.

b) **Neues Sportheim für Grüne Heide**
Der Tennisklub Grüne Heide baut ein neues Sportheim. Der Bau soll 120 000 € kosten. Der Tennisverband übernimmt davon 78 349 €, die Stadt bezahlt 25 400 €.

c) **Tennis-Rekord**
30 Verbandsligaspieler haben einen Ballwechsel über 5 Tage, 5 Stunden, 5 Minuten und 5 Sekunden gespielt. Der Ball wurde 105 731 Mal geschlagen, davon ging er 254 Mal ins Aus und 317 Mal ins Netz.

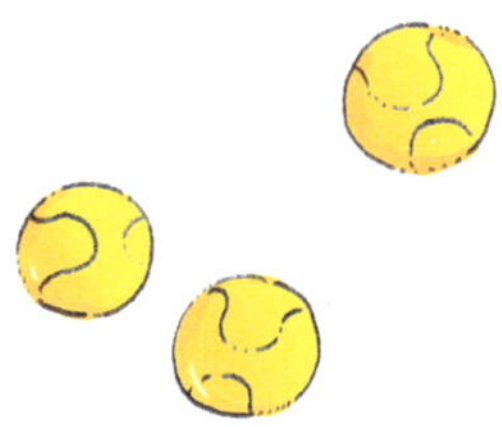

Zehnersystem
Unsere Zahlen werden aus den Ziffern 0 bis 9 gebildet.
Unser Zahlensystem heißt Zehnersystem.
Das Zehnersystem hat die Stellenwerte Einer, Zehner, Hunderter, ...

· 10 · 10 · 10

T	H	Z	E
1000	100	10	1
		2	**6**

2 · 10 + **6** · 1 =
20 + 6 = 26

Zweiersystem
Der Computer verwendet nur die Ziffern 0 und 1.
Das Zahlensystem des Computers heißt Zweiersystem. Man nennt es auch Binärsystem.
Das Zweiersystem hat Bits als Stellenwerte.

· 2 · 2 · 2 · 2 · 2

6. Bit	5. Bit	4. Bit	3. Bit	2. Bit	1. Bit
32	16	8	4	2	1
	1	**1**	**0**	**1**	**0**

1 · 16 + **1** · 8 + **0** · 4 + **1** · 2 + **0** · 1 = 26
16 + 8 + 2 = 26

1 Stelle alle Zahlen von 1 bis 10 im Zweiersystem dar.

1) 1: 1
2: 10

2 Stelle die Zahlen im Zehnersystem dar.

Zweiersystem	6. Bit 32	5. Bit 16	4. Bit 8	3. Bit 4	2. Bit 2	1. Bit 1	Rechnung	**Zehnersystem**
1110			1	1	1	0	8 + 4 + 2	14
11101	■	■	■	■	■	■	■	■
101010	■	■	■	■	■	■	■	■
110110	■	■	■	■	■	■	■	■

3 Stelle die Zahlen im Zweiersystem dar.

Zehnersystem	6. Bit 32	5. Bit 16	4. Bit 8	3. Bit 4	2. Bit 2	1. Bit 1	**Zweiersystem**
15	■	■	■	■	■	■	■
27	■	■	■	■	■	■	■
36	■	■	■	■	■	■	■
60	■	■	■	■	■	■	■

2, 3 Kopiervorlage mit Tabelle in der Handreichung/BiBox für Lehrer/-innen.

Römische Zahlen

I	II	III	IV	**V**	VI	VII	VIII	IX	**X**
1	2	3	4	5	6	7	8	9	10

L	**C**	**D**	**M**
50	100	500	1 000

Steht ein kleineres Zeichen hinter einem größeren, dann wird es addiert.
VI 5 + 1 = 6

Steht ein kleineres Zeichen vor einem größeren, dann wird es subtrahiert.
IV 5 − 1 = 4

Es werden nicht mehr als drei gleiche Zeichen hintereinander geschrieben.

1 Schreibt die Zahlen von 11 bis 20 mit römischen Zahlen.
Beachtet die Regeln.

2 Ordnet zu.

LV 2 500 46 501 MMD 170 DI 55 XLVI CLXX

3 Welche Zahlen sind es?

a) XXVIII b) LX c) CV d) CCX e) CD f) DCLXI g) MDCVI

4 Schreibe als römische Zahl.

a) 33 b) 57 c) 76 d) 111 e) 250 f) 750 g) 1 213

5 Lege jeweils nur ein Stäbchen um, sodass die Gleichung stimmt.

a) I − II = II b) XI + I = X c) VII − IV = X

6 Schreibe in römischen Zahlen: das heutige Datum, deinen Geburtstag, …

1 Setze die Aufgabe 120 + 240 fort. Schreibe drei weitere Aufgaben auf.
Der zweite Summand ist immer doppelt so groß wie der erste Summand.
Die Summe erhöht sich immer um 90.

2 Finde passende dreistellige Zahlen.
Der Einer soll so groß sein wie der Hunderter und der Zehner zusammen.

H	Z	E

Hat Evi recht?

Das ist so eine Zahl: 3 + 4 = 7

Es gibt mehr als 20 solcher Zahlen.

101

819

516

Evi

3 Wie verändert sich die Zahl, …

T	H	Z	E

3 a) Die Zahl wird um …

a) wenn ich ein Plättchen von der Einerstelle an die Zehnerstelle und ein weiteres Plättchen von der Hunderterstelle an die Tausenderstelle verschiebe?

b) wenn ich ein Plättchen von der Hunderterstelle an die Einerstelle und ein weiteres Plättchen von der Tausenderstelle an die Zehnerstelle verschiebe?

c) wenn ich ein Plättchen von der Tausenderstelle an die Hunderterstelle und ein weiteres Plättchen von der Einerstelle an die Zehnerstelle verschiebe?

d) wenn ich ein Plättchen von der Zehnerstelle an die Tausenderstelle und ein weiteres Plättchen von der Hunderterstelle an die Einerstelle verschiebe?

1 Die Aufgabe eignet sich im Anschluss an Seite 5.
2 Die Aufgabe eignet sich im Anschluss an Seite 15.
3 Die Aufgabe eignet sich im Anschluss an Seite 17.

4 Welche drei Zahlen kannst du einsetzen?

■ + ■ + ■ = 7800

3500 | 5700 | 1900 | 2700 | 2200 | 6100 | 800 | 4900 | 400 | 3200

5 Wie muss ein Plättchen verschoben werden, damit ...

a) eine Zahl um 9 größer wird?
b) eine Zahl um 99999 größer wird?
c) eine Zahl um 90 kleiner wird?
d) eine Zahl um 9900 kleiner wird?

HT	ZT	T	H	Z	E

6 a) Gegeben sind die Zahlen 73250 und 80000.
Die Zahl 73250 liegt in der Mitte.
Wie heißt die fehlende Zahl?

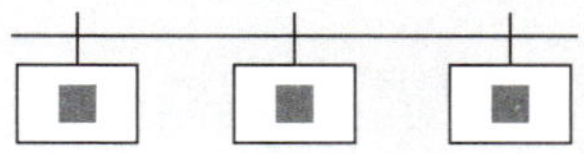

b) Gegeben sind die Zahlen 450000, 320000 und 370000.
Kann eine der Zahlen in der Mitte der beiden anderen liegen?
Begründe.

7 Für welche Zahlen stehen die Buchstaben?

X + X = 60000
100000 − Y = 50000
X + Y = Z + Z
X + X + Z = Y + Y

7) X = ■
Y = ■
Z = ■

4 Die Aufgabe eignet sich im Anschluss an Seite 23.
5 Die Aufgabe eignet sich im Anschluss an Seite 28.
6 Die Aufgabe eignet sich im Anschluss an Seite 31.
7 Die Aufgabe eignet sich im Anschluss an Seite 36.

Zahlen bis 1 000 000

10 Hunderter sind 1 Tausender.

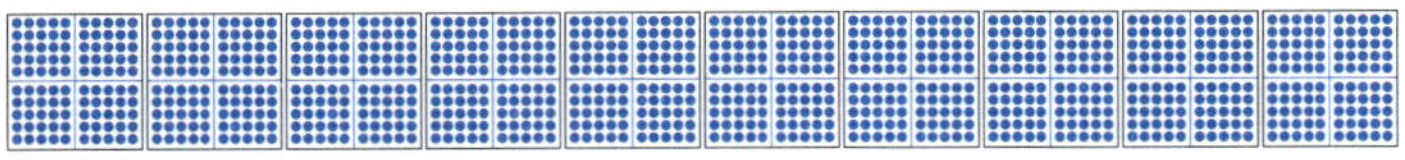

10 Tausender sind 1 **Zehntausender**.

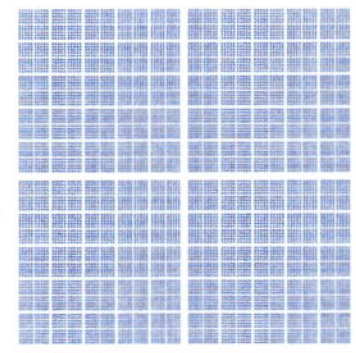

10 Zehntausender sind 1 **Hunderttausender**.

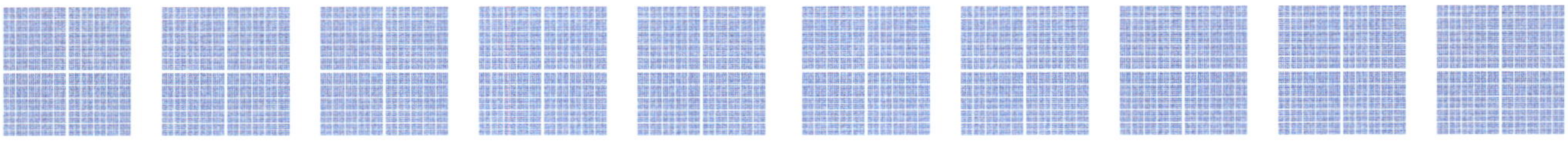

10 Hunderttausender sind 1 **Million**.

M	HT	ZT	T	H	Z	E
1	0	0	0	0	0	0

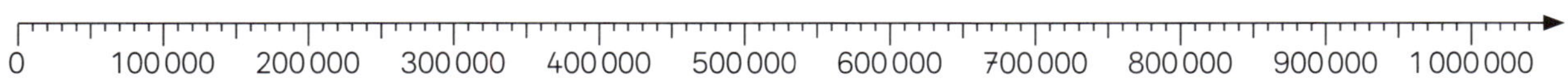

Nachbarhunderter (NH)

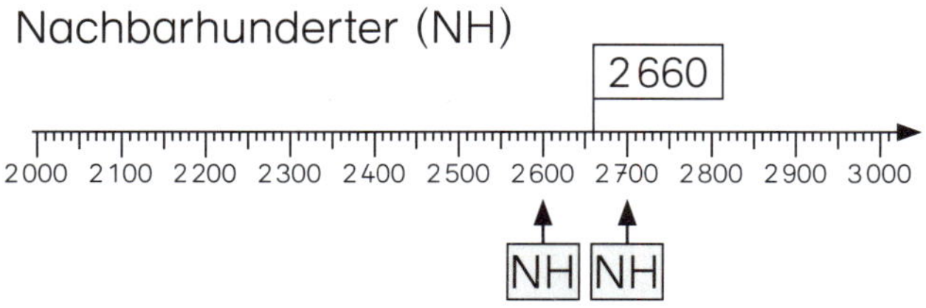

Nachbartausender (NT)

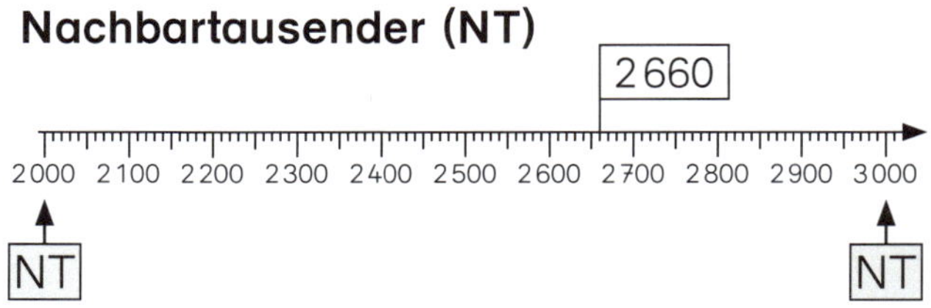

Nachbarzehntausender (NZT)

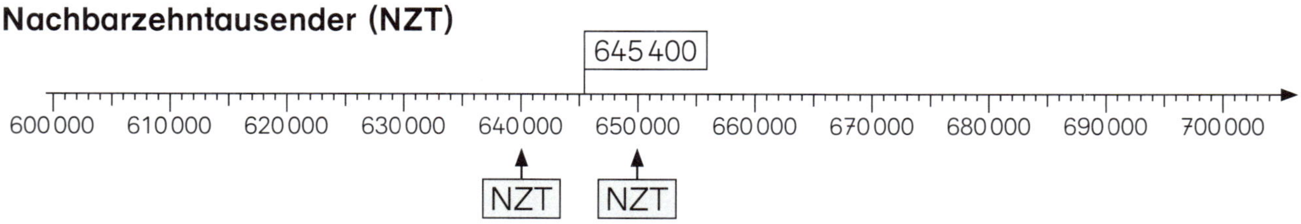

Nachbarhunderttausender (NHT)

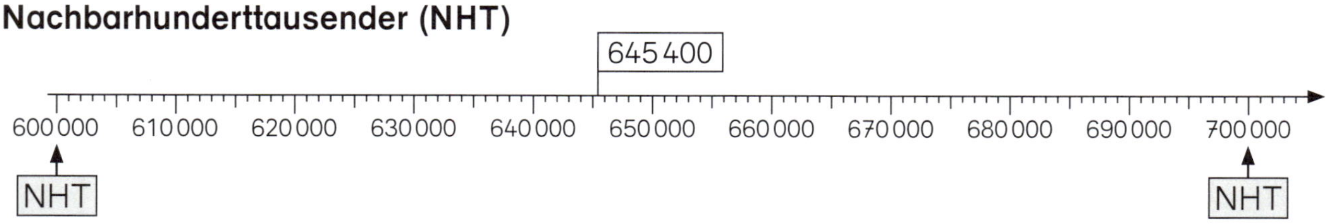

Addieren und subtrahieren

addieren

125 + 38 = 163

Summand + **Summand** = Summe

Summand	1 2 5
Summand	+ 3 8
Summe	1 6 3

subtrahieren

856 − 413 = 443

Minuend − **Subtrahend** = Differenz

Minuend	8 5 6
Subtrahend	− 4 1 3
Differenz	4 4 3

Man bildet die **Quersumme** (Qu.) einer Zahl, indem man ihre Ziffern addiert.

3478
3 + 4 + 7 + 8 = 22
Qu.: 22

Runden von Zahlen

Für das Runden von Zahlen gilt diese Regel:

Bei 0, 1, 2, 3, 4 wird abgerundet.

Bei 5, 6, 7, 8, 9 wird aufgerundet.

Runden auf Hunderttausender:

	HT	ZT	T	H	Z	E
	2	1	7	1	2	3
≈	2	0	0	0	0	0

An der Zehntausenderstelle steht eine 1, also wird **abgerundet**.

217 123 ≈ 200 000

217 123 **ist ungefähr** 200 000.

	HT	ZT	T	H	Z	E
	5	8	7	6	9	6
≈	6	0	0	0	0	0

An der Zehntausenderstelle steht eine 8, also wird **aufgerundet**.

587 696 ≈ 600 000

587 696 **ist ungefähr** 600 000.

MATERIALIEN FÜR SCHÜLERINNEN UND SCHÜLER

Addieren und Subtrahieren 4 978-3-14-118295-8
Multiplizieren und Dividieren 4 978-3-14-118296-5
Geometrie 4 978-3-14-118297-2
Sachrechnen und Größen 4 978-3-14-118298-9

Lernpaket 4
4 Themenhefte + Beilagen 978-3-14-118299-6
BiBox für Schüler/-innen WEB-14-118314

ZUSATZMATERIALIEN
Arbeitsheft 4 978-3-14-118302-3
Trainingsheft 4 978-3-14-118331-3

Themenhefte inklusiv D
Addieren und Subtrahieren (D) 978-3-14-118425-9
Multiplizieren und Dividieren (D) 978-3-14-118426-6
Geometrie (D) 978-3-14-118427-3
Sachrechnen und Größen (D) 978-3-14-118428-0

Lernpaket inklusiv D
4 Themenhefte + Beilagen 978-3-14-118424-2

MATERIALIEN FÜR LEHRERINNEN UND LEHRER

Handreichung 4 978-3-14-118304-7
BiBox für Lehrer/-innen 4, Einzellizenz WEB-14-118315
Kollegiumslizenz WEB-14-118317

Kopiervorlagen 4 978-3-14-118321-4
Förder-Kopiervorlagen 4 978-3-14-118323-8
Forder-Kopiervorlagen 4 978-3-14-118325-2
Lernwege-Karten 4 978-3-14-118328-3
Diagnoseheft 4 978-3-14-118318-4
Entdeckerkartei 4 978-3-14-118330-6